ZIERKONIFEREN

Das neue kompakte Bestimmungsbuch

ZIERKONIFEREN

Das neue kompakte Bestimmungsbuch

Richard Bird

KÖNEMANN

This book was designed and produced by
Quintet Publishing Limited
6 Blundell Street
London N7 9BH

Creative Director: Richard Dewing
Designer: James Lawrence
Editor: Helen Varley
Photographer: Richard Bird

Original title: Identifying Ornamental Conifers

Übersetzung aus dem Englischen:
Inga-Brita Thiele, Köln
Redaktion & Satz der deutschen Ausgabe:
Thomas Heider, Bergisch Gladbach
Druck und Bindung: Sing Cheong Printing Co., Ltd.
Printed in Hong Kong

ISBN 3–89508–507–3

Inhalt

EINLEITUNG 6

GLOSSAR 14

DER BESTIMMUNGSTEIL 15

ZIERKONIFEREN 16

REGISTER 80

EINLEITUNG

WAS IST EINE ZIERKONIFERE?

Konifere heißt »Zapfenträger«, d. h., bei einer Konifere handelt es sich um eine Pflanze, die Zapfen trägt. Ganz so einfach ist es aber nicht, denn manche, etwa die Eiben, tragen keine erkennbaren Zapfen, sondern etwas eher Fruchtähnliches. Die richtige Definition besagt, daß die Koniferen zur Abteilung der *Gymnospermae*, d. h. Nacktsamer, gehören, die ihre Samen nicht, wie andere Samenpflanzen, in einem geschlossenen Fruchtgehäuse tragen. Innerhalb der *Gymnospermae* umfassen die Koniferen drei botanische Ordnungen: die *Coniferae* (zu denen die zapfentragenden Pflanzen gehören), die *Taxales* (zu denen die Eiben gehören) und die *Ginkgoales* (zu ihnen zählt der Ginkgo).

KLASSIFIZIERUNG

Diese drei Ordnungen werden untergliedert in Familien, Gattungen, Arten sowie in Varietäten und Cultivare. Familien sind große Gruppen von Gattungen, die bestimmte Merkmale gemeinsam haben. Alle Mitglieder der Familie *Pinaceae* haben z. B. schmale, in zylinderförmigen

OBEN: ***Ein junger Kiefernzapfen***

OBEN: ***Lärchenzapfen und -nadeln***

Büscheln stehende Nadelblätter. Die Familien unterteilt man in Gattungen, in denen man alle Pflanzen zusammenfaßt, die viele gemeinsame Merkmale haben. Zu den *Pinaceae* gehören z. B. die Gattungen *Pinus*, Kiefer, und *Larix*, Lärche. Innerhalb der Gattung gibt es als kleinste Klassifizierungseinheit die Art, z. B. innerhalb der Gattung *Pinus* die Art *Pinus sylvestris*, die Waldkiefer.

Einzelne Arten können in Höhe, Form und Farbe variieren. Gut unterscheidbare Formen erhalten eigene Namen. Wildformen nennt man „Varietäten", Gartenkulturformen „Cultivare". Cultivarnamen stehen in einfachen Anführungszeichen: *Pinus sylvestris* 'Beuvronensis'.

MORPHOLOGIE

Im Aufbau gleichen die Koniferen allen anderen Bäumen. Die meisten sind einstämmig; manche haben aber mehrere Haupttriebe und sind somit eher strauchförmig. Die Rinde besteht aus zwei Schichten; die äußere hat vor allem Schutzfunktion. Bei einigen, etwa der *Sequoia*, ist die Borke faserig und dick; so ist der Baum vor Feuer geschützt. Meist ist die Rinde bei jungen Bäumen glatt und wird mit dem Alter rauher.

Die meisten, aber nicht alle Koniferen sind immergrün. Bekannteste Ausnahme ist *Larix*, die Lärche. Die Blätter sind sehr unterschiedlich, aber meist deutlich von denen anderer Bäume und Sträucher unterscheidbar. Die meisten sind nadelartig und lang; mal spitz, mal stumpf, mal mit rundem, mal mit flachem Querschnitt. Manche bilden seltsame Strukturen. So ist jedes Bündel Kiefernnadeln von einer Scheide umgeben; wenn man es zusammenpreßt, bildet es eine Zylinderform, wobei jede Nadel ein Kreissegment ist.

OBEN: *Junge Kieferntriebe*

Andere Blätter sind schuppenförmig. Diese kurzen, flachen Blätter umkleiden den Trieb, an dem sie wachsen, oft sehr dicht. Zypressen sind ein gutes Beispiel. Blätter, die eng an den Trieb gepreßt wachsen, nennt man „angedrückt". Koniferenblätter können unterschiedlich angeordnet sein, mal in Büscheln, mal spiralförmig um den Zweig. Dann können sie bürstenartig dicht stehen oder einen „Scheitel" haben, so daß sie in zwei Reihen zu beiden Seiten des Zweigs zu wachsen scheinen. Der Ginkgo ist die einzige Konifere mit breiten Blättern, ähnlich wie bei Laubbäumen.

In der Natur haben die meisten Koniferen grüne Nadeln. Manche verfärben sich zu Winterbeginn. Sicheltannen z. B. nehmen oft einen Purpur- oder Bronzeton an. Zuchtformen gibt es in vielen Farbtönen, meist ausgehend von spontan mutierten Trieben mit abweichender Farbe an Wild- oder Kulturpflanzen. Goldgelbe Nadeln sind sehr beliebt. Oft sind die Nadeln ganz farbig, manchmal nur teilweise, also gescheckt.

OBEN: *Kiefernblüten*

BLÜTEN UND ZAPFEN

Die Blüten der Koniferen sind die jungen Zapfen. Männliche und weibliche Geschlechtsorgane sind auf verschiedene Blüten verteilt. Die meisten Koniferen tragen männliche und weibliche Zapfen an einem Baum. Manche Gattungen, wie Eibe, Wacholder und Araukarie, sind jedoch zweihäusig, d. h. männliche und weibliche Blüten wachsen auf verschiedenen Bäumen. Um reife Samenzapfen zu erhalten, braucht man dann also eine männliche und eine weibliche Pflanze.

OBEN: *Kiefernzapfen* GANZ OBEN: *Junge Zapfen*

Männliche Zapfen produzieren den Pollen, weibliche die Samen. Der Pollen wird vom Wind verbreitet. Bis zur Befruchtung dauert es bei manchen Arten sehr lange, bei Kiefern ein ganzes Jahr. Die männlichen Zapfen sitzen oft an den unteren Ästen, die weiblichen an den oberen, kräftigeren Trieben. Weibliche Zapfen bestehen aus zweierlei Schuppen: den unfruchtbaren Deckschuppen und den inneren Samenschuppen, auf denen die Samen liegen. Die Samenreifezeit ist unterschiedlich, kann aber bei Kiefern bis zu drei Jahren betragen. Die reifen

OBEN: *Zapfen von* Tsuga heterophylla

Zapfen öffnen sich, und die Samen werden vom Wind davongetragen. Manchmal bedarf es dazu einer Hitzewelle oder eines Feuers. Ein Baum kann seine reifen Zapfen über 20 Jahre tragen, bis ein Feuer den Bodenbewuchs vernichtet, so daß der zu Boden fallende Samen gut auskeimen kann. Manche Zapfen zerfallen noch am Baum, andere bleiben ganz, d. h., die Deckschuppen öffnen sich nur, fallen jedoch nicht ab.

Die Eibe trägt ihren Samen in einer fleischigen Frucht, die im botanischen Aufbau einem Zapfen entspricht. Verbreitet wird er meist durch Vögel, welche die Früchte fressen und die unverdauten Samen in einiger Entfernung von der Mutterpflanze ausscheiden. Der Wacholder hat fleischige „Beerenzapfen".

Die Zapfen sind in Form und Farbe recht unterschiedlich, bei manchen Pflanzen sehr auffällig, bei anderen eher unscheinbar.

WUCHS

Viele der heute kultivierten Koniferen gehen auf Wildpflanzen zurück, andere stammen aus Gartenkultur. Kleine und zwergige Koniferen gewinnt man oft aus Trieben der schwachwüchsigen „Hexenbesen", die auf eine kultivierte Unterlage gepfropft werden. Bei „Hexenbesen" handelt es sich um anomale Auswüchse, die an vielen Koniferen auftreten und oft durch mechanische oder virale Einwirkung verursacht wurden. Man sieht sie gelegentlich in den oberen Ästen der Bäume, wo sie auf den ersten Blick wie Vogelnester aussehen.

Die Gestalt eines Baums kann sich mit den Jahren verändern. So breiten sich die oberen Äste vieler Koniferen ab einem bestimmten Alter mehr in die Horizontale aus. Die Libanonzeder z. B. ist in der Jugend pyramidenförmig und nimmt erst ab einer Höhe von etwa 12 m ihre vertrautere, breit ausladende Form an. Bei vielen Nadelbäumen stehen die Äste zuerst eher aufrecht, um sich dann später bis unter die Horizontale und schließlich in die hängende Haltung abzusenken, die dann oftmals ihren besonderen Reiz ausmacht. Manchmal nimmt diese Tendenz überhand, und die Äste hängen schlaff herab wie bei *Sequoiadendron giganteum* 'Pendulum'. Im Gegensatz dazu stehen bei manchen Arten die Äste fast senkrecht und bilden so säulenförmige Bäume.

LINKS UND UNTEN: *Die meisten Koniferen wachsen in der freien Natur zu sehr großen Bäumen heran, in Kultur gibt es jedoch eine ungeheure Vielfalt verschiedener Größen und Formen.*

Das Wuchstempo der Koniferen variiert stark. Manche erleben nach langsamem Start einen plötzlichen Schub – zur Bestürzung derer, die sie als Zwerge in ihren Steingarten gepflanzt haben. Andere wachsen schnell auf 12 oder 18 m heran und gedeihen dann langsamer. Umweltfaktoren beeinflussen das Wuchstempo; Windeinwirkung z. B. verlangsamt das Wachstum, ebenso ein magerer, trockener Boden. Bei manchen Arten ist es schwierig, das Wachstum zu beeinflussen. Fichten legen die neuen Knospen im Vorjahr an, so daß man mit Dünger keinen direkten Neuaustrieb anregen kann.

Für Hecken geeignete Arten vertragen meist einen Formschnitt, doch wählt man am besten langsam wachsende Pflanzen wie Eiben, da sie besser die Form halten.

RECHTS: *Selbst für Troggärten und Alpinumbeete gibt es eine große Auswahl geeigneter Koniferen.*

VERWENDUNG IM GARTEN

Koniferen gibt es in derart vielen Größen und Formen, daß sie in jeden Garten passen, sogar in Troggärten und Balkonkästen. Auch ihr Farbspektrum ist sehr breit gefächert. Mit den vielen immergrünen Nadelhölzern kann der Gärtner seinem Garten das ganze Jahr hindurch Struktur und Farbe verleihen. Außerdem benötigen sie kaum Pflege, d. h. minimalen Arbeits- und Kostenaufwand.

Koniferen setzt man meist freistehend oder als Teil einer Gruppe. Im Freistand ist die Form wirklich ausschlaggebend, besonders gegen einen Hintergrund betrachtet. Koniferen sind ein schöner Blickfang im Garten.

Häufig werden Koniferen auch als Hecke oder als Windschutz gepflanzt. Viele Arten sind dafür geeignet. Man sollte dabei jedoch Wuchstempo und die endgültige Wuchshöhe berücksichtigen. Eiben wachsen langsam: Es dauert einige Zeit, bis sich eine dichte Hecke entwikkelt, die man dann auch nur einmal im Jahr zu schneiden braucht. Leyland-Zypressen hingegen bilden rasch eine dichte Hecke, sie wachsen aber zügig weiter und müssen häufig gestutzt werden.

LINKS UND UNTEN: *Für größere Pflanzungen sollten die Nadelgehölze so gewählt werden, daß sie einander in Farbe und Form ergänzen.*

LINKS: *Manche Koniferen haben blaue oder graugrüne Nadeln.*

RECHTS: *Ein Beispiel für das reiche Farbspektrum der Koniferen*

RECHTS: *Die hoch aufragenden Zypressen kommen in weitläufigen Parkanlagen am besten zur Geltung.*

BODENBEDINGUNGEN

In der Natur wachsen Koniferen oft in Regionen mit kargem, trockenem Boden, in denen es längere Trockenperioden gibt. In der Regel vertragen sie daher auch durchlässigen, mageren Boden. Am besten gedeihen sie aber auf einem Boden, dem genug gut verrottetes organisches Material zugesetzt wird. Das sichert eine gleichmäßige Nährstoffzufuhr und hilft, Feuchtigkeit festzuhalten. Einige Nadelbäume brauchen solche Bedingungen, sonst nadeln sie und werden unansehnlich. Generell stehen die meisten Koniferen nicht gerne zu feucht oder gar naß. Wenn Sie nicht gerade Sumpfzypressen oder eine andere feuchtigkeitsliebende Art ziehen wollen, sollten Sie für eine geeignete Form von Drainage sorgen.

PFLANZUNG

Pflanzen Sie junge Nadelbäume zwischen Herbst und Frühjahr, wann immer die Witterungs- und Bodenbedingungen günstig sind. In Behältern gezogene Koniferen können auch zu einer anderen Zeit ausgepflanzt werden, doch dürfen die jungen Bäume auf keinen Fall austrocknen. Gehen Sie wie folgt vor: Pflanzstelle gut jäten; Pflanzloch mit ein wenig gut verrottetem Humus auskleiden. Zu dicht verfilzte Wurzelballen vorsichtig auseinanderzupfen. Dann die Pflanze im Pflanzloch genauso tief setzen, wie sie zuvor im Topf oder im Baumschulbeet gestanden hat.

Größere, windanfällige Pflanzen muß man anpflocken. Den Pflock am besten vor dem Pflanzen setzen, um keine Wurzeln zu beschädigen. Den Stamm bodennah anbinden, um den Fuß des Baums zu fixieren, während die Spitze beweglich bleibt. Wenn der Fuß schwankt, bewegt sich auch der Wurzelballen, so daß neue Wurzeln, die sich in die Erde ausstrekken, abgerissen werden.

Das Pflanzloch mit Erde auffüllen, und diese sanft, aber fest um die Wurzeln andrücken. Schließlich Pflanzloch und Umgebung wässern.

SCHNITT

Freistehende Bäume braucht man kaum zu schneiden, außer um abgestorbene oder beschädigte Äste oder vereinzelt überragende Zweige zu entfernen. Junge Bäume entwickeln bei Beschädigung manchmal statt eines Haupttriebs zwei. Wer allerdings eine regelmäßige Wuchsform wünscht, muß meist einen von ihnen entfernen. Manche Koniferen muß man zurückschneiden, um sie im Zaum zu halten; andere, etwa Hecken oder Figuren, brauchen ohnehin einen regelmäßigen Nachschnitt.

Äste oder überzählige Haupttriebe sägt man bündig mit dem Stamm ab, ohne die Borke zu verletzen. Schnittstellen brauchen nicht behandelt zu werden. Eiben treiben auch nach einem Rückschnitt bis ins alte Holz neu aus. Andere hingegen, wie *Cupressus macrocarpa*, treiben aus altem Holz kaum wieder aus; man sollte also nur den Austrieb des jeweiligen Jahres zurückschneiden.

PFLEGE

Im Sommer gepflanzte Bäume sollte man im ersten Jahr regelmäßig gießen, damit die Wurzeln gut anwachsen. Wichtig: Gründlich gießen, nicht nur die Oberfläche anfeuchten. Im Winter gepflanzte Bäume kommen in den wärmeren Monaten meist allein zurecht; in längeren Trockenperioden sollte man aber gießen. Mulch hilft, Feuchtigkeit festzuhalten und dämmt das Unkrautwachstum ein. Achten Sie darauf, daß kein Unkraut zwischen den jungen Ästen hochklettert, den Blättern das Licht nimmt und lebenswichtige Feuchtigkeit und Nährstoffe verbraucht. Also sorgfältig jäten und das

GLOSSAR

adpressus: an den Trieb gedrückt.

Arillus: fleischiger Samenmantel bei manchen Pflanzen, etwa den Eiben.

Art: botanische Klassifizierungseinheit innerhalb der Gattung.

ausgebreitet: mehr seitwärts als aufwärts wachsend. Oft von unregelmäßiger Gestalt.

Coir: Torf-Ersatzstoff aus Kokosfaser.

columnaris: säulenförmig.

Cultivar: Zuchtform einer Pflanzenart mit eigenem Namen.

fastigiatus: Pflanzen, deren Äste aufrecht stehen und eine spitze Säulenform bilden.

Gattung: eine durch botanische Ähnlichkeiten verbundene Pflanzengruppe.

glabra: unbehaart.

glaucus: blaugrün.

globosus: kugelförmig.

immergrün: trägt das ganze Jahr über Blätter bzw. Nadeln.

Leittrieb: Haupttrieb am oberen Ende eines Baumstamms.

niederliegend: mit auf dem Boden aufliegenden Zweigen.

pendulus: hängend.

pyramidal: spitz nach oben zulaufend.

reflexus: herabgebogen.

sessil: ohne Stiel.

sommergrün: wirft im Herbst die Blätter ab.

Variante: eine von einem mutierten Trieb der Elternpflanze gewonnene Pflanze.

zweihäusig: Arten, bei denen männliche und weibliche Blüten an verschiedenen Pflanzen wachsen.

notfalls auch mit chemischen Mitteln bekämpfen.

Wind kann junge Bäume schädigen. Schutznetze, auf einer Seite oder rundum gespannt, verhindern Austrocknung und andere Schäden. Auch Tiere können Koniferen schädigen. Wenn der Garten nicht sicher eingezäunt werden kann, muß man ggf. einzelne Bäume mit Kaninchendraht einzäunen oder eine Kunststoffmanschette um den Stamm legen. Die Befestigungen müssen später gelockert werden, damit die Rinde nicht leidet.

WINTERHÄRTEZONEN

Jeder Eintrag im Bestimmungsteil endet mit einer Ziffer, die angibt, für welche Temperaturzone die Konifere winterhart ist.

Zone	°C
1	unter −45
2	−45 bis −40
3	−40 bis −34
4	−34 bis −29
5	−29 bis −23
6	−23 bis −17
7	−17 bis −12
8	−12 bis −7
9	−7 bis −1
10	−1 bis 5

DER BESTIMMUNGSTEIL

Der Bestimmungsteil ab Seite 16 beschreibt 99 Koniferen aus 21 Gattungen. Die Einträge sind alphabetisch geordnet, zuerst nach Gattungen, dann nach Arten und Zuchtformen. Jede Gattung wird kurz vorgestellt; die Angaben zu den einzelnen Koniferen umfassen ein Photo, den botanischen und volkstümlichen Namen sowie eine Kurzbeschreibung der kennzeichnenden Merkmale; außerdem Hinweise zur voraussichtlichen Wuchshöhe in den ersten zehn Jahren, Standortansprüche, erforderliche Gartengröße u.a. Der untenstehende Schlüssel erklärt die verwendeten Symbole für Größe, Gestalt, Farbe und andere für die Gartenplanung wichtige Eigenschaften der Koniferen.

Habitus (Gestalt):

- christbaumförmig
- säulenförmig
- kegelförmig
- unregelmäßig
- niederliegend
- kugelig
- ausgebreitet
- hängend

Typ:

- immergrün
- sommergrün

Farbe:

- blau
- goldgelb
- grün
- silbergrau
- buntscheckig
- Winter
- Farbwechsel

Größe:

- zwergig (0–90 cm)
- klein (90 cm – 4,5 m)
- mittelgroß (4,5 m – 9 m)
- groß (über 9 m)

Abies (Pinaceae)

TANNEN

Mit 55 Arten sind die Tannen die zweitgrößte Gattung in der Familie der Kieferngewächse. Sie sind auf der ganzen Nordhalbkugel in kalten und milderen Regionen heimisch. Außer einigen mexikanischen Arten sind die meisten fast überall winterhart. Nicht alle sind von besonderem Wert für den Garten, doch finden sich einschließlich der Cultivare rund 100 verschiedene Formen in den Gärten der Welt. Die Mehrzahl sind aufrecht wachsende Bäume von mittlerer bis hoher Statur; es gibt aber auch niedrige, strauchartige Formen. Die meisten sind von regelmäßiger Gestalt. Die flachen, glatten, ledrigen Nadelblätter sitzen mit einem runden, saugnapfähnlichen Polster auf dem Zweig, das beim Abfallen eine Narbe hinterläßt. Sie sind rund um den Zweig angeordnet, fallen aber oft nach der einen oder anderen Seite, so daß ein „Scheitel" entsteht. Meist sind sie grün mit silbernen Streifen auf der Unterseite. Die zylindrischen oder fäßchenförmigen Zapfen stehen aufrecht. Ihre Farbe variiert von Braun über Grün bis zu Purpurblau; weiße Harzabsonderungen kommen häufig vor. Zu dekorativen Zwecken sind sie ungeeignet, da sie am Baum aufbrechen und ihre Samenschuppen abwerfen.

Abies balsamea 'Hudsonia'

HUDSON-BALSAMTANNE

Viele sogenannte Steingartenkoniferen werden über kurz oder lang doch zu groß, aber *Abies balsamea* 'Hudsonia' ist ein echter Zwerg – hübsch als „Wachposten" zu beiden Seiten eines Wegs oder Treppenaufgangs; am schönsten kommt sie jedoch im Steingarten zur Geltung, wo sie der Miniaturlandschaft ein naturalistisches Flair verleiht.

HERKUNFT Die Balsamtanne stammt aus Kanada. 'Hudsonia' ist eine Gartenform.

HÖHE bis 75 cm (10 Jahre – 30 cm).

GESTALT generell kugelig, etwas breiter als hoch.

BLÄTTER dunkelgrüne Nadelblätter mit weißer Spitze. In zwei Reihen zu beiden Seiten des Zweigs angeordnet. Sie verströmen beim Zerreiben einen balsamartigen Duft.

KULTUR Der Baum erfordert keine besondere Pflege, aber etwas Geduld, weil er äußerst langsam wächst.

STANDORT Steingärten und Schotterbeete.

WINTERHÄRTE Zone 3.

Abies koreana

KOREATANNE

Diese in freier Natur eher seltene Tanne erfreut sich als Gartenbaum großer Beliebtheit – ihrer hübschen, blauen Zapfen, aber auch der ebenmäßigen Gestalt und ihres schönen Nadelkleids wegen. Wenn in Ihren Garten nur ein einzelner größerer Nadelbaum paßt, ist die Koreatanne vielleicht die richtige Wahl. Es gibt auch eine Zwergform.

HERKUNFT Korea.

HÖHE bis 10 m (10 Jahre – 3 m).

GESTALT klassische Christbaumform.

BLÄTTER dunkelgrün mit blaugrüner Unterseite; der Frühjahrsaustrieb ist silbergrau.

KULTUR unproblematisch; allerdings ist der Baum anfällig für Windschäden.

STANDORT kleine bis mittelgroße Gärten.

WINTERHÄRTE Zone 5.

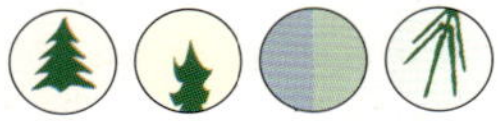

Abies lasiocarpa 'Compacta'

NIEDRIGE KORKTANNE

Hier handelt es sich, wie der Name schon sagt, um eine kompaktere Varietät der hohen Felsengebirgstanne. Mit ihrer klassischen Tannenform und der schönen silbrigen Farbe ist sie ideal für den kleinen Garten oder einen großen Steingarten. Als schöner Kontrast zu grünnadeligen Koniferen paßt sie auch gut in eine gemischte Koniferengruppe.

HERKUNFT Die Art stammt aus Arizona, USA, aber die Form 'Compacta' kommt aus der Gartenkultur.

HÖHE bis 5 m (10 Jahre – 75 cm).

GESTALT fast klassische Christbaumform, durch die etwas kürzeren unteren Äste jedoch leicht eiförmig.

BLÄTTER schönes Silberblau.

KULTUR Der Baum wächst so langsam, daß er auch in den Steingarten paßt, wo er aber mit der Zeit über seinen Platz hinauswächst und ersetzt werden muß.

STANDORT kleine bis mittelgroße Gärten oder große Steingärten.

WINTERHÄRTE Zone 5.

ARAUCARIA (ARAUCARIACEAE)

ARAUKARIEN

Es mag überraschen, daß es tatsächlich (je nachdem, welchen Botaniker man fragt) 14 bis 18 Araukarienarten gibt, weil nämlich nur eine von ihnen allgemein kultiviert wird. Alle stammen aus der südlichen Hemisphäre, und zwar aus Australien, Ozeanien und Südamerika.

Typisch für die Araukarien sind die langen, weit ausgebreiteten Äste, die mit überlappenden, schuppenartigen Blättern bedeckt sind. Sie sind zweihäusig, d. h., männliche und weibliche Blüten wachsen auf verschiedenen Bäumen; man braucht mindestens einen von jedem Geschlecht, um Samen zu bekommen. Die großen Zapfen sind kugelig. Die Bäume werden recht hoch und sind nur für große Gärten geeignet. Eine der kleinsten Arten ist die Tasmanienzeder, *Araucaria cupressoides*, die jedoch nur bis zur Zone 8 winterhart ist.

ARAUCARIA ARAUCANA

CHILENISCHE ARAUKARIE

Ein besonders schöner Baum für große Gärten. Die eßbaren Samen sind schwer zu ernten, weil die Blätter so unangenehm spitz sind. Bei gut entwickelten Bäumen hängen die unteren Äste bis auf den Boden, während zu dicht gepflanzte Bäume meist nur weiter oben Äste tragen und darunter einen langen, kahlen Stamm aufweisen.

HERKUNFT Chile und Argentinien.

HÖHE bis 24 m (10 Jahre – 6 m).

GESTALT Ein gut beasteter Baum ist kegelförmig.

BLÄTTER Die Äste sind mit leuchtend grünen, ledrigen Schuppen bedeckt, die sehr spitz und stechend sind.

KULTUR schätzt feuchten, humusreichen Boden mehr als trockenen. Zunächst rasches Wachstum, das sich später verlangsamt. Vermehrung nur aus Samen.

STANDORT große Gärten und Parks.

WINTERHÄRTE Zone 7.

CALOCEDRUS (CUPRESSACEAE)

WEIHRAUCHZEDERN

Die kleine Gattung der Weihrauchzedern umfaßt nur drei Arten, von denen *Calocedrus decurrens* aus Nordamerika die einzige häufiger kultivierte ist. *C. macrolepsis* aus Hunan, China, und *C. formosana* aus Taiwan werden gelegentlich kultiviert, man sieht sie aber eher selten.

C. decurrens ist ein hoher Baum, während die beiden anderen Arten sehr viel kleinwüchsiger sind. Alle drei sind aber für den Durchschnittsgarten eher zu groß und eigentlich nur für weitläufigeres Gelände geeignet. Die schuppenartigen Blätter stehen in zwei Reihen zu beiden Seiten der fächerförmig verzweigten Triebe. Die vasenförmigen, ledrigen Zapfen sind leider klein und recht unscheinbar.

CALOCEDRUS DECURRENS

KALIFORNISCHE WEIHRAUCHZEDER

Die kalifornische Weihrauchzeder ist ein attraktiver Baum, in der Jugend eher rundlich, später zunehmend säulenförmig. In manchen Jahren sieht man an älteren Exemplaren viele aufrecht stehende, ledrige Zapfen. Aus dem Holz werden Bleistifte hergestellt. Es gibt eine gelbgescheckte Form, 'Aureovariegata', und eine goldgelbe, 'Berrima Gold'.

HERKUNFT nordamerikanische Pazifikküste.

HÖHE bis 24 m (10 Jahre – 4,5 m).

GESTALT säulenförmig.

BLÄTTER dunkelgrün, die Unterseite etwas heller; sie sitzen an fächerförmig verzweigten Trieben.

KULTUR neigt auf dünner Humusdecke und trockenem Boden zu Blattabwurf.

STANDORT mittelgroße bis große Gärten.

WINTERHÄRTE Zone 5.

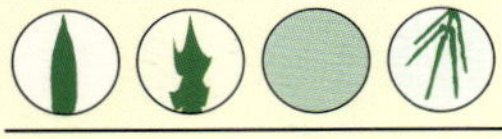

Cedrus (Pinaceae)

ZEDERN

Es gibt nur vier verschiedene Zedernarten: *Cedrus atlantica, C. brevifolia, C. deodara* und *C. libani,* von denen die ersten beiden sogar manchmal als Varietäten von *C. libani* klassifiziert werden. Man bekommt aber viele verschiedene Zuchtformen für den Garten, von Bäumen, die 60 m hoch werden können, bis hin zu kriechenden Formen. Die Zedern stammen aus dem Mittelmeerraum und dem westlichen Himalaja; alle sind winterhart. Die Wildformen sind in der Jugend meist schmal pyramidenförmig; mit zunehmendem Alter verbreitern sich die Kronen jedoch, bis sie schließlich die abgeflachte Form annehmen, die man von der imposanten Libanonzeder her kennt. Die Gartenformen sind von sehr unterschiedlicher Gestalt; es gibt sogar ganz niederliegende Formen. Die Nadelblätter stehen in Quirlen, während sie an jungen Trieben meist spiralig angeordnet sitzen. Sie sind blaugrün oder grün, Zuchtformen gibt es jedoch in den verschiedensten Farben. Die Zapfen sind deutlich fäßchenförmig und stehen aufrecht. Die natürlichen Arten eignen sich besonders für große Gärten und Parkanlagen.

Cedrus atlantica 'Glauca Pendula'

HÄNGENDE BLAUZEDER

Von den Formen der Atlaszeder ist die Hängende Blauzeder die schönste. Im Unterschied zur aufrechten Elternpflanze hat sie übergebogene Äste mit tief herabhängenden Zweigen. Voll entwickelt erinnert sie mit ihren zu Boden hängenden Zweigen an einen zu Eis erstarrten Wasserfall. Sie wächst äußerst langsam.

HERKUNFT aus Gartenkultur.
HÖHE je nach Höhe des ursprünglichen Edelreises.
GESTALT übergebogene Äste mit hängenden Zweigen.
BLÄTTER kurze, zartblaue Nadeln.
KULTUR Die Höhe des Baums ist von der Höhe des ursprünglichen Edelreises abhängig.
STANDORT jede Gartengröße.
WINTERHÄRTE Zone 6.

CEDRUS DEODARA
HIMALAJAZEDER

Ein sehr anmutiger Baum mit waagerechten, leicht überhängenden Ästen. In jungen Jahren ist er besonders schön. Die hübschen Zapfen sind fäßchenförmig. Es gibt verschiedene ansprechende Zuchtformen, z. B. 'Argentea' und 'Aurea', mit silbernem bzw. goldenem Nadelkleid, und die unten beschriebene 'Golden Horizon'.

HERKUNFT westlicher Himalaja.

HÖHE bis 24 m (10 Jahre – 5 m).

GESTALT pyramidal, mit langen, überhängenden Zweigen.

BLÄTTER an jungen Bäumen blaugrün, an älteren dunkelgrün.

KULTUR In warmem, maritimem Klima entwickelt sie eine ausgeprägtere Hängeform. Verträgt auch trockene Standorte.

STANDORT kleine bis große Gärten.

WINTERHÄRTE Zone 7.

CEDRUS DEODARA 'GOLDEN HORIZON'
HIMALAJAZEDER 'GOLDEN HORIZON'

Kaum vorstellbar, daß es sich hier um die gleiche Art wie die Himalajazeder handelt. Die flache, halb niederliegende Pflanze eignet sich gut zur Begrünung einer Böschung oder als Bodendecker. Die tief hängenden Zweige verleihen ihr ein etwas unordentliches Aussehen, sie bilden aber auch oft sehr interessante Formen. Sie wird häufig im Handel angeboten.

HERKUNFT aus Gartenkultur.

HÖHE bis 1,5 m (10 Jahre – 60 cm).

GESTALT halb niederliegend, locker ausgebreitet.

BLÄTTER kurze Nadeln; gelb; im Schatten stehend eher blau.

KULTUR gedeiht auch auf relativ trockenem Untergrund, sogar auf alten Mauern.

STANDORT kleine bis mittelgroße Gärten.

WINTERHÄRTE Zone 7.

CEDRUS LIBANI

LIBANONZEDER

Die majestätisch ausgebreiteten Äste dieses Baums bringen ein Gefühl der Ruhe in den Garten oder Park. Er ist schon seit biblischer Zeit bekannt. Die größten Exemplare sind mehrere hundert Jahre alt, doch der Baum wächst zu Beginn erstaunlich schnell – in den ersten 70 Jahren etwa 15 cm pro Jahr – dann langsamer. Die Zapfen sind fäßchenförmig.

HERKUNFT Libanon, Syrien, Türkei.

HÖHE bis 40 m (10 Jahre – 6 m).

GESTALT Jüngere Bäume sind schmal pyramidal; mit dem Alter flacht die Krone zunehmend ab.

BLÄTTER dunkelgrüne, dicht stehende Nadeln in waagerechten Etagen, die dem Baum seine charakteristische Erscheinung verleihen.

KULTUR keine besondere Pflege erforderlich. Die langen Äste können unter einer schweren Schneelast brechen.

STANDORT Parkanlagen oder große Gärten.

WINTERHÄRTE Zone 5.

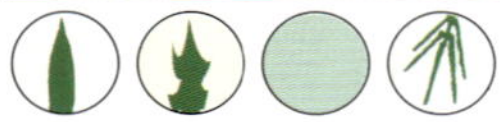

CEDRUS LIBANI 'PENDULA'

HÄNGENDE LIBANONZEDER

Den meisten Leuten ist die majestätische Libanonzeder wohlvertraut, doch kaum jemand weiß, daß es auch kleinere Formen gibt, die in jeden Garten passen. 'Pendula' ist eine äußerst malerische 'Trauerform'; man sieht die Tränen förmlich herabfließen. Eine weitere Hängeform, 'Sargentii', wird meist als niederliegende Pflanze gezogen.

HERKUNFT aus Gartenkultur.

HÖHE bis 6 m (10 Jahre – 1,5 m).

GESTALT ausgeprägte Hängeform.

BLÄTTER mittelgrün; frischer Austrieb sehr hell blaßgrün.

KULTUR unproblematisch.

STANDORT jede Gartengröße.

WINTERHÄRTE Zone 6.

Chamaecyparis (Cupressaceae)

SCHEINZYPRESSEN

Die Scheinzypressen umfassen sechs wilde Arten und unzählige, für Gärten jeder Größe geeignete Cultivare. Beheimatet sind sie an den nordamerikanischen Küsten sowie in Japan und Taiwan. Außer der taiwanischen Art (*Chamaecyparis formosensis*) sind sie winterhart. In der Natur erreichen sie bis zu 60 m Höhe. In Kultur gibt es viele Formen von zwergigen Steingartenpflanzen bis zu hochwüchsigen Bäumen. Die kultivierten Formen sind meist schmal säulenförmig, einige aber auch breit pyramidenförmig.

Scheinzypressen unterscheiden sich von den echten Zypressen durch das abgeflachte Profil ihrer Blätter. Auch die Zweige sind flach und fächerförmig, d. h. weniger dreidimensional. Durch Kreuzung der beiden Gattungen entstand die beliebte Leyland-Zypresse, *x Cupressocyparis leylandii.*

Diese Gattung wird wegen der großen Vielfalt ihrer Gartenformen in Gestalt, Größe, Struktur und Farbe sehr geschätzt. Die beliebteste ist die Lawson-Scheinzypresse, *C. lawsoniana*, aus der über 200 Cultivare entstanden sind. Die Nadelblätter der Art sind meist grün, doch in Kultur findet man heute ein großes Farbspektrum.

Chamaecyparis lawsoniana 'Chilworth Silver'

LAWSON-SCHEINZYPRESSE 'CHILWORTH SILVER'

Die Jungpflanze ist silberblau benadelt. Mit zunehmendem Alter wird sie grüner, doch der blaue Grundton bleibt erhalten. Der langsamwüchsige Strauch bildet eine klare, breite Kegelform mit dicht stehenden, aufrechten Ästen. Es ist eine Mutation von *C. l.* 'Ellwoodii'.

HERKUNFT aus Gartenkultur in Großbritannien.
HÖHE bis 2 m (10 Jahre – 90 cm).
GESTALT breit kegelförmig.
BLÄTTER in der Jugend silberblau.
KULTUR unproblematisch.
STANDORT jede Gartengröße.
WINTERHÄRTE Zone 6.

Chamaecyparis lawsoniana 'Columnaris'

Lawson-Säulenzypresse

Nicht nur von sehr eleganter Gestalt, sondern auch eine der schönsten blaugrünen Formen der Art. Durch die sehr schmale Säulenform macht sie sich ideal als Akzent im Garten. Sie ist so schmal und wächst derart langsam, daß sie trotz ihrer endgültigen Wuchshöhe auch in kleine Gärten paßt.

HERKUNFT aus Gartenkultur in den Niederlanden.
HÖHE bis zu 10 m (10 Jahre – 2,5 m).
GESTALT säulenförmig.
BLÄTTER kleine, aufrechte, blaue Zweige.
KULTUR unproblematisch.
STANDORT jede Gartengröße.
WINTERHÄRTE Zone 6.

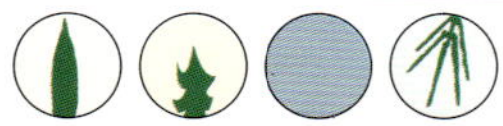

Chamaecyparis lawsoniana 'Dow's Gem'

Lawson-Scheinzypresse 'Dow's Gem'

Besonders schöne Form der Lawson-Scheinzypresse, die zuerst breit und ausladend wächst, mit der Zeit aber eher kugelig wird. Dabei bleibt ihre allgemein recht lockere, etwas struppige Wuchsform erhalten, die sie besonders attraktiv macht. Sie ist auch als 'Dow's Variety' bekannt.

HERKUNFT aus Gartenkultur in den USA.
HÖHE bis 3 m (10 Jahre – 90 cm).
GESTALT ausgebreitet, später kugelig.
BLÄTTER grobe, blaugrüne Benadelung, auf der Unterseite weiß bereift; leicht überhängende Spitzen.
KULTUR kann gestutzt werden, um eine regelmäßigere Form zu erzielen.
STANDORT mittelgroße bis große Gärten.
WINTERHÄRTE Zone 6.

Chamaecyparis lawsoniana 'Ellwood's Gold'
GELBE KEGELZYPRESSE

Dies ist eine der beliebtesten goldgelben Koniferen, eine Mutation von 'Ellwoodii', der Elternpflanze einer ganzen Gruppe, die diesen Namen trägt. Die Pflanze ist grün und hat im Frühjahr und Frühsommer besonders intensiv goldgelbe Triebspitzen, die sich zum Herbstbeginn grün verfärben. Sie wächst relativ langsam.

HERKUNFT aus Gartenkultur.
HÖHE bis 4,5 m (10 Jahre – 1,5 m).
GESTALT säulenförmig.
BLÄTTER flache Zweige, im Frühjahr und Frühsommer mit goldgelben Spitzen.
KULTUR Obwohl oft als Steingartenpflanze empfohlen, wird der Baum dafür auf lange Sicht zu groß.
STANDORT kleine bis mittelgroße Gärten.
WINTERHÄRTE Zone 6.

Chamaecyparis lawsoniana 'Filiformis Compacta'
ZWERG-FADENZYPRESSE

Bei den 'Filiformis'-Formen der Lawson-Scheinzypresse handelt es sich um sehr charakteristische Gewächse. Die schmalen Zweige mit den schlaff herabhängenden, fadenförmigen Triebspitzen erwecken den Eindruck, daß der ganze Strauch tropfnaß sei. Diese Sorte ist kegelförmig und im Wuchs nicht so unberechenbar wie einige der anderen. Sie wächst sehr langsam.

HERKUNFT aus Gartenkultur.
HÖHE bis 1,5 m (10 Jahre – 75 cm).
GESTALT kegelförmig.
BLÄTTER fadenförmig, blaugrün.
KULTUR unproblematisch.
STANDORT jede Gartengröße, einschließlich großer Steingärten.
WINTERHÄRTE Zone 5.

CHAMAECYPARIS LAWSONIANA 'FLETCHERI'

LAWSON-SCHEINZYPRESSE 'FLETCHERI'

Die 'Fletcheri' ist ein überaus beliebter Baum und sehr variabel; manche Formen wachsen deutlich lockerer als andere. Die stets halb-juvenile Benadelung ist blaugrün gefärbt. Der Baum wird langfristig recht hoch, kann aber in einem kleinen Garten stehen, wenn Sie bereit sind, ihn rechtzeitig zu ersetzen.

HERKUNFT aus Gartenkultur.
HÖHE bis 6 m (10 Jahre – 2,5 m).
GESTALT pyramidal, später säulenförmig.
BLÄTTER blaugrün.
KULTUR gedeiht am besten in kühlerem Klima. Zunächst langsames Wachstum, aber Achtung: Die Zypresse wird dann plötzlich schnellwüchsig.
STANDORT jede Gartengröße.
WINTERHÄRTE Zone 6.

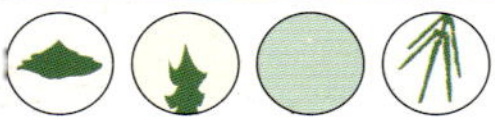

CHAMAECYPARIS LAWSONIANA 'GIMBORNII'

LAWSON-SCHEINZYPRESSE 'GIMBORNII'

Kugelige Konifere mit sehr dicht wachsenden Ästen und Nadeln. Sie ist langsamwachsend und wird niemals sehr groß, so daß sie auch in kleinere Gärten paßt. Mit ihrer sehr charakteristischen Form eignet sie sich gut als gestalterisches Gartenelement.

HERKUNFT Gartenkultur in den Niederlanden.
HÖHE bis 1,8 m (10 Jahre – 75 cm).
GESTALT kugelig.
BLÄTTER dunkelgrün; bläulich überhaucht.
KULTUR hält die Form normalerweise auch ohne Schnitt, doch sollten überstehende Zweige entfernt werden, um eine Entstellung der Form zu vermeiden.
STANDORT jede Gartengröße. Gut für große Steingärten.
WINTERHÄRTE Zone 6.

Chamaecyparis lawsoniana 'Green Pillar'

Grüne Säulenzypresse

Die frisch grüne Benadelung macht zusammen mit der ansprechenden Säulenform den besonderen Reiz dieser Konifere aus. Im Frühjahr haben die Nadeln eine ganz leichte goldgelbe Tönung, die sie noch strahlender erscheinen läßt. Die Gestalt ist nicht ganz so starr aufrecht wie bei manchen anderen Arten, doch trägt dies eher zum besonderen Charakter der Pflanze bei.

HERKUNFT aus Gartenkultur in Großbritannien.
HÖHE bis 6 m (10 Jahre – 3 m).
GESTALT säulenförmig.
BLÄTTER frisches Grün, im Frühjahr leicht goldgelb getönt.
KULTUR unproblematisch.
STANDORT mittelgroße bis große Gärten.
WINTERHÄRTE Zone 6.

Chamaecyparis lawsoniana 'Hillieri'

Lawson-Scheinzypresse 'Hillieri'

Eine der schönsten gelben Lawson-Scheinzypressen mit sehr anmutiger, pyramidaler Gestalt und leicht überhängenden Triebspitzen. Im Frühjahr leuchtend goldgelb, mit Fortschreiten des Jahres zunehmend stärker grün. Wird auf Dauer recht groß, wächst aber so langsam, daß sie auch in kleinere Gärten paßt.

HERKUNFT aus Gartenkultur in Großbritannien.
HÖHE bis 10 m (10 Jahre – 2 m).
GESTALT schmale Pyramidenform.
BLÄTTER goldgelb
KULTUR Vor kaltem Wind sollte man sie schützen, damit die goldgelbe Benadelung nicht „verbrennt".
STANDORT jede Gartengröße.
WINTERHÄRTE Zone 6.

CHAMAECYPARIS LAWSONIANA 'PEMBURY BLUE'

LAWSON-SCHEINZYPRESSE 'PEMBURY BLUE'

Zweifellos ist dies die schönste aller blauen Lawson-Scheinzypressen, schmal pyramidenförmig mit lockeren, übergebogenen Zweigen. Für kleine Gärten ist sie auf Dauer aber leider zu groß; sie muß dann nach etwa 10 Jahren ersetzt werden. Sie ist winterhärter als viele andere Cultivare.

HERKUNFT aus Gartenkultur in Großbritannien.

HÖHE bis 10 m (10 Jahre – 4 m).

GESTALT schmale Pyramidenform, später breite Säulenform.

BLÄTTER schieferblaue Triebe.

KULTUR unproblematisch.

STANDORT mittelgroße bis große Gärten.

WINTERHÄRTE Zone 5.

CHAMAECYPARIS LAWSONIANA 'TAMARISCIFOLIA'

TAMARISKEN-SCHEINZYPRESSE

Eine hübsche, rundliche Form der Lawson-Scheinzypresse mit übereinandergeschichteten Zweigen, die fast wie am Ufer auslaufende Wellen wirken. In den meisten Gärten wird sie nicht über 2 m hoch, doch gibt es einige sehr alte Exemplare, die fast doppelt so hoch sind. Diese Konifere hat keinen Mittelstamm, sondern mehrere Haupttriebe.

HERKUNFT aus Gartenkultur in Großbritannien.

HÖHE bis 2 m (10 Jahre – 75 cm).

GESTALT flacher, lockerer Strauch.

BLÄTTER mittelgrün.

KULTUR unproblematisch.

STANDORT auf Dauer recht groß; aber auch für kleine Gärten geeignet, da langsamwüchsig.

WINTERHÄRTE Zone 5.

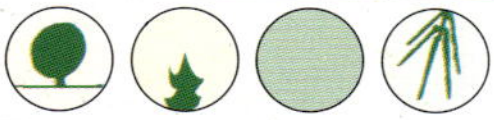

CHAMAECYPARIS NOOTKATENSIS

NUTKA-SCHEINZYPRESSE

Keine Bäume für kleine Gärten; sie wachsen rasch zu richtigen Baumriesen heran. Sie bilden gewaltige, perfekt geformte Pyramiden mit dichtem Nadelkleid, unter denen nichts anderes mehr gedeihen kann. Wunderschön als freistehende Bäume, wenn genug Platz zur Verfügung steht. Es gibt eine Reihe von Zuchtformen, u. a. die nur 2 m hohe 'Compacta'.

HERKUNFT westliches Nordamerika.

HÖHE bis 30 m (10 Jahre – 7,5 m).

GESTALT hohe Pyramidenform.

BLÄTTER dunkles Graugrün; es gibt auch goldgelbe und buntscheckige Zuchtformen.

KULTUR unproblematisch, abgesehen von möglichen Größenproblemen bei falscher Planung.

STANDORT große Gärten und Parkanlagen.

WINTERHÄRTE Zone 4.

CHAMAECYPARIS OBTUSA 'KOSTERI'

HINOKI-SCHEINZYPRESSE 'KOSTERI'

Äußerst dekorative Pflanze. Die fächerförmigen Zweigenden verlaufen wellenförmig um den kleinen Baum, so daß er fast wie eine moderne Skulptur wirkt. Der Standort sollte so gewählt werden, daß die auffällige Form gut zur Geltung kommt.

HERKUNFT aus Gartenkultur in den Niederlanden.

HÖHE bis 1,2 m (10 Jahre – 75 cm).

GESTALT unregelmäßige Pyramidenform.

BLÄTTER leuchtend grün in wellenförmigen Fächern.

KULTUR manchmal niederliegend; doch durch Aufbinden des Leittriebs erhält man eine aufrechtere Pflanze.

STANDORT jede Gartengröße. Auch für große Steingärten geeignet.

WINTERHÄRTE Zone 5.

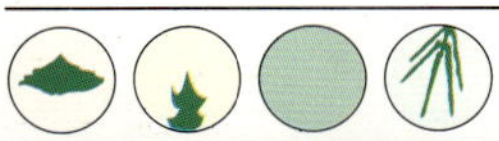

CHAMAECYPARIS OBTUSA 'NANA LUTEA'

HINOKI-SCHEINZYPRESSE 'NANA LUTEA'

Dies ist eine goldgelbe Form dieser faszinierenden Art. Wie bei 'Kosteri' bilden die Zweigspitzen wellige, in mehreren Etagen angeordnete Fächer, so daß die Pflanze selbst bei Windstille ein wunderbar bewegtes Aussehen hat. Sehr langsamwüchsig; wächst auch im Steingarten nicht über den zugedachten Standort hinaus.

HERKUNFT Gartenkultur.

HÖHE bis 2 m (10 Jahre – 50 cm).

GESTALT unregelmäßige Pyramidenform.

BLÄTTER fächerförmige Zweige, goldgelb, auf der Unterseite und im Schatten grüngelb.

KULTUR Man sollte sie nicht in den Schatten pflanzen, da die Benadelung dort ihren intensiven Goldglanz verliert.

STANDORT jede Gartengröße. Sehr gut für einen Steingarten geeignet.

WINTERHÄRTE Zone 5.

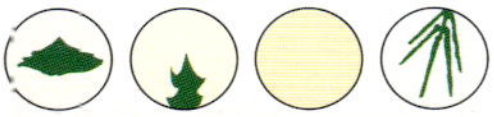

CHAMAECYPARIS PISIFERA 'COMPACTA'

SAWARA-SCHEINZYPRESSE 'COMPACTA'

Hübsche, aber wenig spektakuläre Pflanze. Sie bildet ein dichtes, kegelförmiges Polster und eignet sich mit ihrem schwachen Wuchs gut für den Steingarten. Die blaugrüne Benadelung zeigt im Frühjahr ein helleres, im Winter ein bräunlicheres Grün. Die leicht übergebogenen, flachen Zweige verleihen der Pflanze eine interessante Struktur.

HERKUNFT Gartenkultur.

HÖHE bis 45 cm (10 Jahre – 23 cm).

GESTALT abgeflachte Kegelform.

BLÄTTER blaugrün; im Winter bräunlich.

KULTUR Herausragende Triebe, welche die gleichmäßige Form stören, sollten entfernt werden.

STANDORT jede Gartengröße, auch in Steingärten.

WINTERHÄRTE Zone 5.

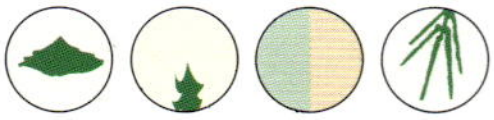

CHAMAECYPARIS PISIFERA 'GOLDEN MOP'

SAWARA-SCHEINZYPRESSE 'GOLDEN MOP'

Die niedrige Pflanze erinnert an einen goldblonden Haarschopf. Sie wird nicht allzu groß und hängt sehr schön über Bodenunebenheiten, was sie für den Steingarten sehr geeignet macht. Die goldgelbe Benadelung ähnelt der vieler 'Filifera'-Formen mit überhängenden, fadenförmigen Triebspitzen.
HERKUNFT aus Gartenkultur.
HÖHE bis 45 cm (10 Jahre – 30 cm).
GESTALT niederliegend.
BLÄTTER lange Zweige mit angedrückten, goldgelben Nadelblättern.
KULTUR nicht in den Schatten pflanzen; die Nadeln werden dort grün. Diese Art verträgt Sonne sehr gut.
STANDORT jede Gartengröße.
WINTERHÄRTE Zone 5.

CHAMAECYPARIS PISIFERA 'SUNGOLD'

SAWARA-SCHEINZYPRESSE 'SUNGOLD'

Wunderschöner Strauch mit anmutig gebogenen Zweigen, von deren Spitzen die grüngelben Nadeln herabzutropfen scheinen. Die Farbe ist klimaabhängig: in kühleren Gegenden gelbgrün, in wärmeren Zonen eher goldbraun. Wird manchmal fälschlich als *C. p.* 'Filifera Sungold' bezeichnet und hat große Ähnlichkeit mit anderen 'Filifera'-Formen.
HERKUNFT aus Gartenkultur in den Niederlanden.
HÖHE bis 3 m (10 Jahre – 90 cm).
GESTALT kegelförmig.
BLÄTTER lange Zweige mit gelbgrünen Nadelblättern.
KULTUR nicht in den Schatten pflanzen! Die Nadeln werden sonst grün. Im Gegensatz zu vielen anderen gelbblättrigen Sorten ist sie sehr sonnenbeständig.
STANDORT jede Gartengröße.
WINTERHÄRTE Zone 5.

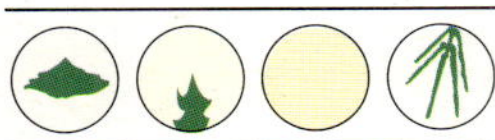

CRYPTOMERIA (TAXODIACEAE)

SICHELTANNEN

Eine kleine Gattung mit nur zwei Arten: *C. japonica* aus Japan und *C. fortunei* aus Südchina. Manche Botaniker klassifizieren die letztere als Varietät der *C. japonica* unter der Bezeichnung *C. j. sinensis*, womit die Gattung nur noch eine Art umfassen würde. Die Sicheltannen sind eng mit dem *Sequoiadendron* verwandt, von dem sie nur wenige botanische Unterschiede trennen. Sehr eigenständige Koniferen, deren sich zur Spitze hin verjüngende Blätter eher pfriem- als nadelförmig sind. Die Sicheltannen sind schon so lange in Kultur, daß es mittlerweile zahlreiche Zuchtformen gibt, teils große Bäume, aber auch kleinwüchsigere, für den kleinen Garten gut geeignete Cultivare. Sie machen sich gut im Einzelstand, können aber auch mit anderen Gehölzen zusammen gepflanzt werden. Die größeren Varietäten bilden oft breit ausladende Büsche, die zum Entzücken spielender Kinder in der Mitte eine Höhle bilden.

Cryptomeria japonica 'Elegans'

JAPANISCHE SICHELTANNE 'ELEGANS'

Das Wunderbare an diesem Baum ist, daß er seine weiche, feine, juvenile Benadelung behält – im Sommer bläulichgrün, im Winter phantastisch bronzerot. Manche Bäume wachsen geneigt oder mehrstämmig, so daß recht bizarre Formen entstehen können – sie erinnern an aufgetürmte Cumuluswolken.

HERKUNFT China.

HÖHE bis 12 m (10 Jahre – 3 m).

GESTALT variabel; aufrechte Bäume breit säulen- oder kegelförmig, mehrstämmige Bäume ausgebreitet.

BLÄTTER weiche, juvenile Benadelung.

KULTUR unproblematisch.

STANDORT große Gärten und Parkanlagen.

WINTERHÄRTE Zone 6.

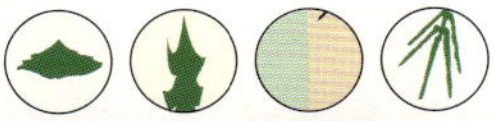

Cryptomeria japonica 'Elegans Compacta'

JAPANISCHE SICHELTANNE 'ELEGANS COMPACTA'

Während *Cryptomeria japonica* nur etwas für große Gärten ist, paßt diese Form wohl in fast jeden Garten, obwohl auch sie noch einige Wuchskraft hat. Sie trägt das gleiche wunderschön wogende Nadelkleid wie 'Elegans', ist aber zurückhaltender im Wuchs. Ihre Gestalt ist in etwa kegelförmig.

HERKUNFT aus Gartenkultur.

HÖHE bis 3 m (10 Jahre – 1,8 m).

GESTALT kegelförmig oder rundlich.

BLÄTTER feine juvenile Nadelblätter, im Sommer bläulichgrün, im Winter bronzerot,

KULTUR unproblematisch.

STANDORT jede Gartengröße; kann aber für kleine Gärten auf lange Sicht zu groß werden.

WINTERHÄRTE Zone 5.

xCUPRESSOCYPARIS (CUPRESSACEAE)

BASTARDZYPRESSEN

Eine Reihe von Hybriden zwischen *Chamaecyparis nootkatensis* und einigen Arten von *Cupressus* – *C. macrocarpa* im Falle der einzigen häufigeren Form, *x C. leylandii* („x" bezeichnet die Kreuzung zweier Gattungen). Es gibt noch andere, aber seltene Formen. Da die Hybriden steril sind, muß man die Pflanzen aus Stecklingen ziehen. Zu den Kreuzungen kam es zufällig im Jahre 1888 und noch einmal 1911; auf sie gehen alle heutigen Pflanzen zurück. Sie besitzen die gesamte Vitalität einer Erstkreuzung, wachsen rasch und entwickeln sich ungestutzt zu hohen Bäumen. Aus Triebmutationen wurden verschiedene, auch andersfarbige Cultivare gezogen. Die schuppenförmigen Blätter wachsen dicht an die fächerförmigen Zweige angedrückt. Sie sind meist dunkelgrün; es gibt aber Zuchtformen in verschiedenen Grün-, Blau- und Gelbtönen und auch buntscheckige Formen.

xCUPRESSOCYPARIS LEYLANDII

LEYLAND-ZYPRESSE

Diese beliebteste Kreuzung zwischen *Chamaecyparis* und *Cupressus* ist ein extrem schnellwüchsiger Baum, der in den ersten 20 Jahren bis zu 90 cm pro Jahr zulegt. Die Leyland-Zypresse ist äußerst robust, sowohl winterhart als auch widerstandsfähig gegen Krankheiten. Mit ihrer eindrucksvollen Statur macht sie sich im Einzelstand sehr gut, ist aber ihrer Robustheit und Wuchsgeschwindigkeit wegen auch als Heckenpflanze ideal geeignet.

HERKUNFT aus Gartenkultur in Großbritannien.

HÖHE bis 30 m (10 Jahre – 7,5 m).

GESTALT säulenförmig.

BLÄTTER dunkelgrün; es gibt auch goldgelbe und blaue Cultivare.

KULTUR gedeiht auf fast jedem Boden, auch auf sehr feuchtem. Sie muß als Heckenpflanze immer wieder gestutzt werden.

STANDORT mittelgroße bis große Gärten. Für kleinere Gärten ist sie nur bei regelmäßigem Schnitt geeignet.

WINTERHÄRTE Zone 4.

CUPRESSUS (CUPRESSACEAE)

ZYPRESSEN

Es gibt etwa 20 Arten und zahlreiche Zuchtformen der Gattung *Cupressus*. Sie sind eng verwandt mit den Scheinzypressen, *Chamaecyparis*, und von diesen oft nur schwer zu unterscheiden. Der offensichtlichste Unterschied ist der, daß bei den Zypressen die Zweigspitzen mit den schuppenartigen Blättern oft eher dreidimensional, bei den Scheinzypressen eher flach sind. Die kugeligen Zapfen sind aus sehr harten Schuppen zusammengesetzt, deren Muster an einen Fußball erinnert. Eine der bekanntesten Vertreterinnen der Gattung ist die säulenförmige Mittelmeer-Zypresse, *C. sempervirens*, die typisch für mediterrane Gärten und Landschaften, bei uns aber nicht richtig winterhart ist (Minimum: Zone 7). Die Bäume haben hohen Gartenwert, da sie auch in trocken-heißem Klima und selbst auf kargen Böden gedeihen. Sie sollten aber nicht im Schatten stehen. Ihrer Form wegen setzt man sie oft im Einzelstand und als Blickfang ein.

CUPRESSUS GLABRA
GLATTRINDIGE ARIZONA-ZYPRESSE

Reizender Baum mit schönen blauen Nadeln, die in alle Richtungen abzustehen scheinen wie bei Stacheldraht, aber gar nicht stachlig sind. Ursprünglich als *C. arizonica glabra* bekannt und z. T. noch unter diesem Namen verkauft, aber mit glatter, abblätternder Rinde – im Gegensatz zur rauheren Borke von *C. arizonica.*

HERKUNFT Arizona, USA.
HÖHE bis 15 m (10 Jahre – 4 m).
GESTALT pyramidenförmig.
BLÄTTER schmale Nadelblätter an kurzen Zweigen, bläulichgrün, mit weißem Harz gesprenkelt.
KULTUR gedeiht gut auf trockenen Böden.
STANDORT mittelgroße bis große Gärten.
WINTERHÄRTE Zone 6.

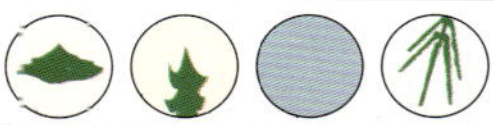

CUPRESSUS MACROCARPA 'DONARD GOLD'
MONTEREY-ZYPRESSE 'DONARD GOLD'

Eine sehr schöne Form der Monterey-Zypresse. Der pyramiden- oder kegelförmige Baum mit goldgelber Benadelung an aufrechten Zweigen macht sich gut im Einzelstand oder als Teil einer gemischten Gruppe, in mildem Klima auch als goldfarbene Hecke. Die Zweige sind eine schöne Beigabe zu Blumensträußen.

HERKUNFT Nordirland.
HÖHE bis 30 m (10 Jahre – 4 m).
GESTALT kegelförmig oder breit säulenförmig.
BLÄTTER goldgelb.
KULTUR unproblematisch.
STANDORT mittelgroße bis große Gärten.
WINTERHÄRTE Zone 7.

GINKGO (GINKGOACEAE)

GINKGO, FÄCHERBLATTBAUM

Ein außergewöhnlicher Baum, der auf den ersten Blick keineswegs einer Konifere ähnelt. Von dieser sehr alten Gattung hat man überall auf der Welt Fossilien gefunden; sie existiert aber heute nur noch in einer Art, die in zwei abgelegenen Gebieten in Südchina heimisch ist. Der Ginkgo weist viele Ähnlichkeiten mit einer anderen alten Pflanzengruppe, den Baumfarnen, auf. Nicht nur die Blätter wirken ähnlich, auch die Bestäubungsmethode ist gleich. Die Blattform erinnert mehr an einen Laubbaum. Ginkgobäume sind äußerst winterhart. Sie machen sich besser im Einzelstand als in einer Gruppe anderer Bäume, wo sie optisch leicht untergehen; besonders gut sehen sie auf Rasenflächen aus. Es gibt zwar nur eine Art, von dieser jedoch mehrere Zuchtformen mit verschiedenen Blattformen und -farben.

GINKGO BILOBA

GINKGO, FÄCHERBLATTBAUM

Dieser faszinierende Baum hat sommergrüne, flach schaufelförmige Blätter, die ein wenig an Entenfüße erinnern. Sie stehen in Dreiergruppen an langen Stielen. Im Frühjahr und Sommer sind sie hellgrün; im Herbst verfärben sie sich zu einem wunderbaren Goldgelb. Die männliche Form wird bevorzugt gepflanzt, da die weibliche leider unangenehm riechende Früchte trägt.

HERKUNFT Südchina.
HÖHE bis 30 m (10 Jahre – 6 m).
GESTALT variabel; ähnlich wie viele Laubbäume.
BLÄTTER flach, schaufelförmig, an jungen Bäumen deutlicher zweigeteilt.
KULTUR wächst auf fast allen Böden. In der Jugend schnellwüchsig.
STANDORT mittelgroße bis große Gärten.
WINTERHÄRTE Zone 4.

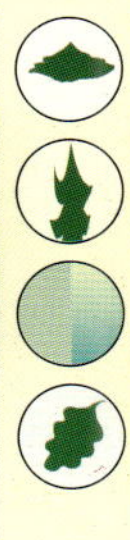

JUNIPERUS (CUPRESSACEAE)
WACHOLDER

Wacholderbäume sind eine der umfangreichsten Koniferengattungen. Es gibt ungefähr 64 Arten und von diesen wiederum zahllose Gartenformen. Sie sind in der nördlichen Hemisphäre beheimatet, wobei ihre größte Konzentration im Mittelmeerraum zu finden ist.

Sie sind mit den *Cupressus* verwandt und mit ihren ähnlich aussehenden, schuppenförmigen Blättern von diesen selten leicht zu unterscheiden. Der Unterschied wird aber rasch deutlich, wenn man die Früchte betrachtet, da der Wacholder wie die Eibe fleischige Früchte trägt. Der Grundaufbau ist zwar zapfenähnlich, doch sind die Schuppen faserig oder fleischig, nicht hart und ledrig wie bei anderen Koniferen. Die unreifen, noch grünen Beeren verleihen dem Gin sein Aroma. Die reifen Beeren sind sehr schön blau und bei Vögeln äußerst beliebt.

Die Blätter sehen bei Jungpflanzen anders aus als bei älteren Exemplaren. Bei den ersteren sind sie meist nadelförmig, abstehend und zu zweit oder zu dritt angeordnet. Mit zunehmendem Alter werden sie schuppenförmig und angedrückt. Es gibt einige Farbvariationen, doch die meisten Wacholderarten sind blaugrün. Die Strauch- oder Baumformen der Arten und Cultivare sind sehr vielfältig. Es gibt lockere, kugelige Sträucher, ganz niederliegende Formen, dichte, steil aufragende Säulenformen etc. Die niedrigen Varietäten sind sehr wirkungsvoll als Bodendecker, während die aufrechten Bäume dekorative Akzente im Garten setzen. Die meisten Wacholdersorten sind winterhart, nicht besonders anspruchsvoll in bezug auf die Bodenqualität und generell pflegeleicht.

JUNIPERUS CHINENSIS 'AUREA'

CHINA-WACHOLDER 'AUREA'

Ein schöner Baum für Gärten jeder Größe, ob freistehend oder in gemischter Pflanzung. Die feine, goldgelbe Benadelung steht sehr regelmäßig und trägt damit zur klaren Form bei. Die Gestalt variiert von hoch säulenförmig bis zu schlank kegelförmig. Auch für kleine Gärten geeignet, da langsamwüchsig und schlank.

HERKUNFT aus Gartenkultur.
HÖHE bis 6 m (10 Jahre – 1,8 m).
GESTALT Säulenform bis schmale Kegelform.
BLÄTTER goldgelb, sie verlieren jedoch im Winter an Leuchtkraft.
KULTUR Im Schatten färbt sich die Benadelung grün.
STANDORT jede Gartengröße.
WINTERHÄRTE Zone 6.

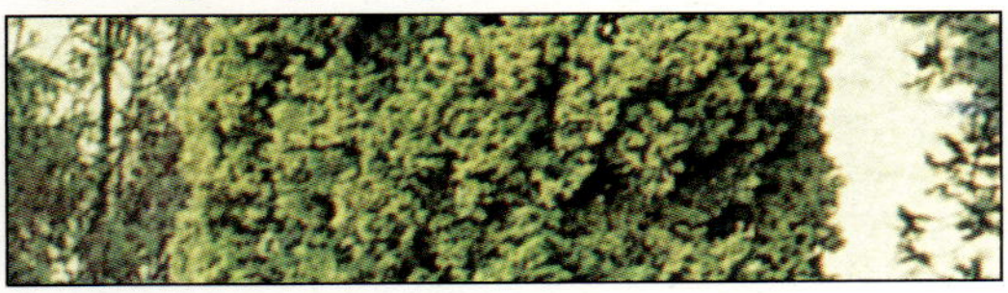

JUNIPERUS CHINENSIS 'KAIZUKA'

HOLLYWOOD-WACHOLDER

Diese Pflanze ist wohl mehr ihrer Kuriosität als ihrer Schönheit wegen beliebt; eine malerisch unordentliche Erscheinung ohne regelmäßige Linien. Man kann sie mit einem oder mehreren Leittrieben erziehen und mit ihr wunderbar zwanglose Hecken gestalten. Die Benadelung ist leuchtend grün, dicht und weich anzufassen. Der Hollywood-Wacholder ist eine langsamwüchsige Konifere.

HERKUNFT aus Gartenkultur in Japan.
HÖHE bis 6 m (10 Jahre – 3 m).
GESTALT in etwa pyramidal, aber sehr variabel.
BLÄTTER dicht um die Äste stehend; dunkelgrün.
KULTUR verträgt heißes und kaltes Klima. Kann vorsichtig geschnitten werden; man sollte es aber nicht übertreiben.
STANDORT jede Gartengröße; muß in kleineren Gärten jedoch regelmäßig ersetzt werden.
WINTERHÄRTE Zone 5.

Juniperus chinensis 'Pyramidalis'

CHINA-WACHOLDER 'PYRAMIDALIS'

Eine nützliche und beliebte Gartenpflanze – eigentlich eher breit säulenförmig als pyramidal. Die Benadelung bleibt im juvenilen Zustand, d. h. nadelförmig und spitz. Wenn man aufwärts darüber streicht, fühlt sie sich weich an, sonst sticht sie. Wird häufig mit dem sehr ähnlich wirkenden *J. c.* 'Stricta' verwechselt.

HERKUNFT aus Gartenkultur in Japan.

HÖHE bis 5 m (10 Jahre – 2 m).

GESTALT breite Säulenform.

BLÄTTER klein, bläulichgrün, spitz und stachlig.

KULTUR unproblematisch.

STANDORT jede Gartengröße; er muß aber in kleinen Gärten ersetzt werden, wenn er über seinen Standort hinauswächst.

WINTERHÄRTE Zone 5.

Juniperus communis 'Compressa'

GEMEINER WACHOLDER 'COMPRESSA'

Ideale Steingarten-Konifere von vollendeter, kompakter Säulenform. Sie wächst sehr langsam und wird niemals zu groß für den Steingarten oder den Trog. Die Nadeln sind graugrün und von feinem, juvenilem Typus.

HERKUNFT Pyrenäen.

HÖHE bis 90 cm (10 Jahre – 40 cm).

GESTALT zigarrenförmig.

BLÄTTER sehr kleine Nadelblätter, graugrün.

KULTUR recht winterhart, kann aber durch Wind und Frost Schaden leiden. Er ist auch anfällig für die Rote Spinnmilbe. Gelegentlich auftretende überragende Triebe sollte man sauber abschneiden.

STANDORT Steingärten, Schotterbeete und Kübel.

WINTERHÄRTE Zone 4.

JUNIPERUS COMMUNIS 'HIBERNICA'

IRISCHER SÄULENWACHOLDER

Ein Säulenwacholder, doch von viel größerer Statur als 'Compressa'. Eine gute Wahl, wenn Sie einen säulenartigen Baum für den Garten suchen, er erreicht aber erst nach Jahren ansehnliche Höhe. Graugrüne Benadelung von juveniler Form.

HERKUNFT Irland.

HÖHE bis 5 m (10 Jahre – 1,8 m).

GESTALT dichte Säulenform.

BLÄTTER juvenil, graugrün.

KULTUR Pflanze sorgfältig auswählen: Manche Exemplare sind von lockererem Wuchs und bilden keine dichte Säulenform. Sie sollte keinen Schnitt benötigen, um die Form zu halten.

STANDORT jede Gartengröße.

WINTERHÄRTE Zone 4.

JUNIPERUS COMMUNIS 'MINIMA'

GEMEINER WACHOLDER 'MINIMA'

Ein Zwergwacholder von niedrigem Wuchs. Die Blätter sind graugrün mit bläulichem Reif. Auf der Unterseite tragen sie ein silbernes Stomaband, das bei nach oben gedrehten Blättern sichtbar wird. Sie fühlen sich hart an. Die Äste sind leicht gebogen. Die Pflanze wächst nur langsam in die Breite und eignet sich damit gut für Steingärten.

HERKUNFT aus Gartenkultur.

HÖHE bis 25 cm (10 Jahre – 25 cm).

GESTALT niederliegend.

BLÄTTER kurze Nadeln, graugrün mit blauem Reif und silbernem Streifen auf der Unterseite.

KULTUR unproblematisch; der Standort sollte jedoch genau bedacht werden, da dieser Wacholder sich nicht gern verpflanzen läßt.

STANDORT jede Gartengröße.

WINTERHÄRTE Zone 4.

JUNIPERUS COMMUNIS 'REPANDA'

FLACHER KRIECHWACHOLDER

Ein niederliegender Wacholder, jedoch wesentlich ausladender als 'Minima': Er wächst rasch bis zu 2 m oder mehr in die Breite. Die mittel- bis dunkelgrünen Nadeln fühlen sich weich an und stehen dicht um die Zweige, wodurch diese ein ordentliches, klar abgegrenztes Aussehen erhalten. Wegen des schnellen Wuchses ist dieser Wacholder nur für sehr große Steingärten, aber sonst gut als Bodendecker geeignet.

HERKUNFT aus Gartenkultur.
HÖHE bis 30 cm (10 Jahre – 30 cm).
GESTALT niederliegend.
BLÄTTER mattgrün.
KULTUR unproblematisch.
STANDORT jede Gartengröße.
WINTERHÄRTE Zone 4.

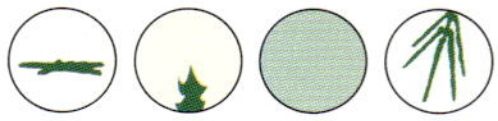

JUNIPERUS CONFERTA

STRANDWACHOLDER

Natürlicher Standort des mattenbildenden Strauchs aus Japan sind Sanddünen am Meeresstrand. Er kann im Steingarten gepflanzt werden, wo er sich seinen Weg zwischen den größeren Steinen sucht. Die etwas groben, hellgrünen Nadeln sind spitz und stechend. Die Spitzen der weit ausgebreiteten Zweige sind aufgerichtet.

HERKUNFT Japan.
HÖHE bis 30 cm (10 Jahre – 30 cm).
GESTALT niederliegend.
BLÄTTER starr, hellgrün, stachlig.
KULTUR obwohl winterhart recht anfällig für Frostschäden.
STANDORT große Steingärten.
WINTERHÄRTE Zone 5.

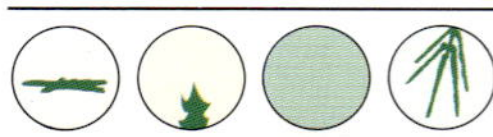

Juniperus horizontalis 'Blue Chip'
KRIECHWACHOLDER 'BLUE CHIP'

Niederliegender Wacholder, dessen leicht aufwärts strebende Zweige ihm das reizvolle Aussehen einer bewegten Wasserfläche verleihen. Auch das schöne Grünblau erinnert an Wasser. Der Kriechwacholder breitet sich relativ schnell aus und ist ein ausgezeichneter Bodendecker.
HERKUNFT aus Gartenkultur in Dänemark.
HÖHE 25 cm (10 Jahre – 25 cm).
GESTALT niederliegend.
BLÄTTER grünlichblau.
KULTUR In den aufsteigenden Zweigen verfängt sich leicht totes Laub u. ä., weshalb der Strauch regelmäßig „ausgemistet" werden sollte.
STANDORT jede Gartengröße, auch große Steingärten.
WINTERHÄRTE Zone 5.

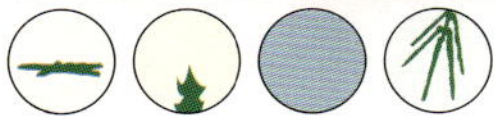

Juniperus horizontalis 'Prince of Wales'
KRIECHWACHOLDER 'PRINCE OF WALES'

Eine sehr flachwüchsige Zuchtform. Die federige Benadelung ist leuchtend grün, in der Jugend leicht bläulich. Im Winter färben sich die Triebspitzen bei Witterungseinwirkung purpurn. Die leicht aufsteigenden Zweigenden erzeugen den Eindruck stufig übereinandergeschichteter Lagen. Ein weiterer guter Bodendecker für Steingärten oder Böschungen.
HERKUNFT aus Gartenkultur in Kanada.
HÖHE bis 15 cm (10 Jahre – 15 cm).
GESTALT ganz niedergestreckt.
BLÄTTER grün, im Winter mit purpurnem Hauch.
KULTUR unproblematisch.
STANDORT jede Gartengröße; mittelgroße bis große Steingärten.
WINTERHÄRTE Zone 5.

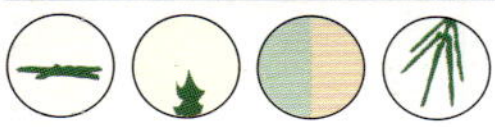

Juniperus horizontalis 'Youngstown'

KRIECHWACHOLDER 'YOUNGSTOWN'

Diesen Kriechwacholder kann man eher flachwüchsig als niederliegend nennen. Die teils aufrechten Zweige geben ihm das Aussehen eines unordentlichen Vogelnests. Die grüne Benadelung nimmt im Winter in kälteren Regionen einen Purpurton an. Dieser Wacholder ist ein guter Bodendecker.

HERKUNFT aus Gartenkultur.

HÖHE 35 cm (10 Jahre – 35 cm).

GESTALT halb aufrecht, aber ausgebreitet.

BLÄTTER leuchtend grün, im Winter purpurn.

KULTUR unproblematisch.

STANDORT jede Gartengröße. Für mittelgroße bis große Steingärten geeignet.

WINTERHÄRTE Zone 5.

Juniperus x media 'Blaauw'

BLAUER STRAUCHWACHOLDER

Im Gegensatz zu den anderen Media-Formen ist 'Blaauw' eine aufrechte Varietät. Die Hauptäste der dichten Pflanze stehen im 50°-Winkel ab und verleihen ihr ein groteskes Aussehen, so als hätte sie Hörner. Die dicht an den Zweigen sitzende Benadelung ist blaugrau. Trotz geringer Höhe auch als Blickfang geeignet.

HERKUNFT aus Gartenkultur in den Niederlanden.

HÖHE bis 2,5 m (10 Jahre – 1,5 m).

GESTALT aufrecht mit herausstehenden Ästen.

BLÄTTER schönes Blaugrau.

KULTUR unproblematisch, aber Achtung: Überragende Triebe nicht abschneiden!

STANDORT jede Gartengröße.

WINTERHÄRTE Zone 5.

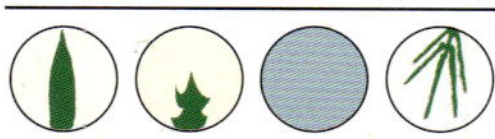

JUNIPERUS X MEDIA 'GOLD COAST'

GOLD-COAST-WACHOLDER

Halb niederliegende Form, die dichte, ausgebreitete Sträucher bildet. Die langen, eleganten Zweigspitzen sind goldgelb getönt. Im Winter intensiviert sich die Färbung. Die Pflanze ist nicht sehr schnellwüchsig und daher auch für kleinere Gärten geeignet, obwohl der Strauch recht breit werden kann.

HERKUNFT aus Gartenkultur in den USA.
HÖHE bis 1,2 m (10 Jahre – 90 cm)
GESTALT niedrig, ausgebreitet.
BLÄTTER grün, Spitzen goldgelb, im Schatten grün.
KULTUR unproblematisch.
STANDORT jede Gartengröße.
WINTERHÄRTE Zone 5.

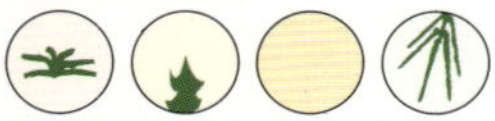

JUNIPERUS X MEDIA 'PFITZERANA'

PFITZER-WACHOLDER

Eine der am häufigsten angepflanzten Koniferen. Der relativ niedrige, grüne Strauch trägt eine Fülle unregelmäßig ausladender Äste. Er wächst sehr dicht und ist nicht nur ein ausgezeichneter Bodendecker, sondern auch sehr dekorativ. Mit der Zeit allerdings stark ausufernd: 4 m oder mehr im Durchmesser. Es existieren noch andere Zuchtformen.

HERKUNFT aus Gartenkultur in Deutschland.
HÖHE bis 3 m (10 Jahre – 3 m).
GESTALT halb aufrecht, ausgebreitet.
BLÄTTER grün.
KULTUR Nach etwa 10 Jahren hat die Pflanze ihre beste Zeit hinter sich; dann kann es sinnvoll sein, sie zu ersetzen.
STANDORT mittelgroße bis große Gärten.
WINTERHÄRTE Zone 4.

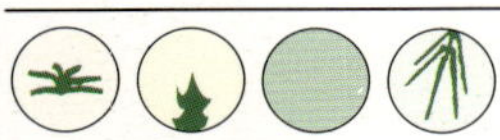

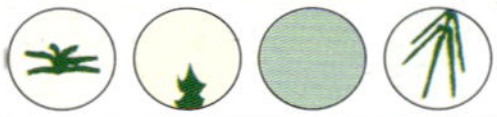

JUNIPERUS SABINA 'TAMARISCIFOLIA'

TAMARISKEN-WACHOLDER

Sehr alte Zuchtform von *J. sabina*; seit über 200 Jahren in Kultur. Die waagerechten Äste bilden ein wunderschönes, gleichmäßig kuppelförmiges Polster. Die Benadelung ist leuchtend grün. Dieser Wacholder wächst zwar nur langsam in die Breite, ist für kleine Gärten aber wohl doch zu groß.

HERKUNFT aus Gartenkultur.

HÖHE bis 60 cm (10 Jahre – 40 cm).

GESTALT breite Kuppelform.

BLÄTTER leuchtend grün an übereinandergeschichteten Zweigen.

KULTUR anfällig für Wacholderbrand.

STANDORT mittelgroße bis große Gärten.

WINTERHÄRTE Zone 5.

JUNIPERUS SCOPULORUM 'SKYROCKET'

RAKETENWACHOLDER

Ein treffender Name für diese Konifere, deren schlanke Zigarrenform einen auffallenden vertikalen Akzent im Garten setzt. Sie ist so schmal, daß sie in jeden Garten paßt; in kälteren Regionen ist sie auch ein schöner Ersatz für die hohen Mittelmeerzedern. Wird manchmal der Art *J. virginiana* zugeordnet.

HERKUNFT USA.

HÖHE bis 8 m (10 Jahre – 2 m).

GESTALT sehr schlanke Zigarrenform.

BLÄTTER silberblau.

KULTUR pflegeleicht, kann aber im Steingarten auf Dauer zu groß werden und muß dann ersetzt werden. Untypischen Austrieb sollte man herausschneiden.

STANDORT paßt in Gärten jeder Größe.

WINTERHÄRTE Zone 5.

JUNIPERUS SQUAMATA 'BLUE STAR'

BLAUER ZWERGWACHOLDER

Schöner, tiefblauer, sehr kompakter Wacholder. Er bildet einen rundlichen, sehr langsamwüchsigen, kleinen Strauch aus. Ausgezeichnet als Steingartenpflanze. Entstanden aus kompakten Trieben von *J. s.* 'Meyeri', der die gleiche Farbe, aber eine größere, mehr aufgelockerte Wuchsform hat.

HERKUNFT aus Gartenkultur in den Niederlanden.

HÖHE bis 45 cm (10 Jahre – 25 cm).

GESTALT rundlich, so breit wie hoch.

BLÄTTER schönes Blau.

KULTUR unproblematisch.

STANDORT jede Gartengröße; besonders schön für Steingärten.

WINTERHÄRTE Zone 5.

JUNIPERUS VIRGINIANA 'GREY OWL'

GRAUER STRAUCHWACHOLDER

Der ausgebreitete Strauch kann als Bodendecker, aber auch als Zierstrauch gepflanzt werden. Die gelblichen Äste kontrastieren schön mit der silbergrauen Benadelung. Die Äste sind teils aufsteigend, was die Pflanze manchmal etwas unordentlich wirken läßt. Dieser Wacholder braucht viel Platz, da er über 5 m breit werden kann.

HERKUNFT Die Art stammt aus Nordamerika, die Zuchtform aus Gartenkultur.

HÖHE bis 90 cm (10 Jahre – 45 cm).

GESTALT niedrig, ausgebreitet.

BLÄTTER klein und dicht an die Zweige gedrückt. Silbergrau, im Winter manchmal purpurn überhaucht.

KULTUR unproblematisch.

STANDORT mittelgroße bis große Gärten. Kann als Bodendecker verwendet werden.

WINTERHÄRTE Zone 4.

Larix (Pinaceae)

LÄRCHEN

Auffallendstes Merkmal der Lärchen ist die Tatsache, daß sie sommergrün sind, d. h. im Herbst ihre Nadeln abwerfen. Mit 10 bis 12 Arten handelt es sich um die größte Gattung sommergrüner Koniferen. Allerdings sind sie untereinander sehr eng verwandt und daher oft nur schwer zu unterscheiden. Man findet sie überall auf der nördlichen Halbkugel, oft als eine der letzten Baumgattungen nahe den arktischen und montanen Baumgrenzen. Dies weist schon darauf hin, daß Lärchen äußerst winterhart sind.

Die Nadeln sind an jungen Trieben breit und spiralig, ab dem zweiten Jahr dann wesentlich schmaler und in Rosetten angeordnet. Sie sind stets weich und lassen sich angenehm anfassen.

Lärchen werden meist als Bäume gepflanzt; es gibt aber auch einige Zwergformen.

LARIX DECIDUA
EUROPÄISCHE LÄRCHE

Lärchen sind insofern ungewöhnlich, als sich ihre Nadeln im Herbst verfärben und dann abfallen. Der frische, hellgrüne Frühjahrsaustrieb kontrastiert schön mit der herrlichen Farbe der jungen Zapfen. Sehr hohe Bäume, von denen es aber auch Formen wie die hängende 'Pendula' und die zwergförmige 'Corley' gibt.

HERKUNFT Europa.

HÖHE bis 50 m (10 Jahre – 6 m).

GESTALT hoher, offener Baum, breite Säulenform.

BLÄTTER sommergrün. Frühjahr: hellgrün; Herbst: goldgelb.

KULTUR von der endgültigen Wuchshöhe abgesehen unproblematisch.

STANDORT große Gärten und Parkanlagen.

WINTERHÄRTE Zone 2.

LARIX KAEMPFERI
JAPANISCHE LÄRCHE

Die Japanische Lärche unterscheidet sich von der Europäischen in erster Linie durch ihre rötlichen, bereiften Triebe. Es gibt eine Reihe unterschiedlicher Gartenformen, darunter mehrere Zwergformen, einige blaunadelige Sorten und auch Hängeformen. *L. leptolepsis* gilt heute als Synonym für – oder als Varietät von – *L. kaempferi.*

HERKUNFT Japan.

HÖHE 10–30 m (10 Jahre – 6 m).

GESTALT hoher, offener Baum, in etwa säulenförmig.

BLÄTTER sommergrün; im Frühjahr hellgrün, im Herbst goldgelb.

KULTUR schnellwüchsiger als *L. decidua;* gedeiht auf schwerem Boden besser als diese.

STANDORT große Gärten und Parkanlagen. Kleinere Varietäten sind auch für kleine Gärten und Steingärten geeignet.

WINTERHÄRTE Zone 5.

Metasequoia (Taxodiaceae)

CHINESISCHES ROTHOLZ

Wie der Ginkgo ist das Chinesische Rotholz ein Relikt aus ferner Zeit, und wie von jener Gattung gibt es auch von dieser nur eine überlebende Art. Bis in die vierziger Jahre war sie nur durch Fossilien bekannt und galt als ausgestorben. Innerhalb von sieben Jahren nach ihrer Entdeckung in Zentralchina in Kultur genommen, ist sie heute, obgleich in der freien Natur noch immer gefährdet, in Gärten hinreichend weit verbreitet, um ihr Aussterben zu verhindern. Es handelt sich um prachtvolle Bäume, für deren Rettung man wirklich dankbar sein muß. Besonders schön wirken sie neben einem Teich oder See. Sie sind, vor allem in jungen Jahren, sehr schnellwüchsig; die Wuchsgeschwindigkeit läßt aber an trockenen Standorten ab einer Höhe von ca. 9 m merklich nach. Leider werden die Bäume für kleinere Gärten meist zu groß.

METASEQUOIA GLYPTOSTROBOIDES

CHINESISCHES ROTHOLZ

Dieses schon für ausgestorben gehaltene „lebende Fossil" wurde 1941 entdeckt und ist heute in Kultur recht häufig. Es ist ein Baum von besonderer Schönheit und Eleganz. Der Stamm verjüngt sich nach oben hin deutlich. Die Rinde ist rotbraun, die Benadelung sehr fein. Das Chinesische Rotholz hat in vielerlei Hinsicht große Ähnlichkeit mit der Sumpfzypresse, *Taxodium distichium*.

HERKUNFT Südwestchina.

HÖHE bis 18 m (10 Jahre – 4 m).

GESTALT schlanker, kegelförmiger Baum.

BLÄTTER sommergrün; erscheinen im späten Frühjahr. Federig, blaßgrün, mit sehr schöner Herbstfärbung.

KULTUR schätzt einen feuchten Standort, am besten in Wassernähe. Am Anfang raschwüchsig, später langsamer.

STANDORT mittelgroße bis große Gärten.

WINTERHÄRTE Zone 6.

Picea (Pinaceae)

FICHTEN

Fichten sind hochgeschätzte Kulturpflanzen – zur kommerziellen Nutzung (für die Zellstoffindustrie und als Christbäume) wie auch als Zierbäume. Es gibt etwa 37 Arten, die auf der nördlichen Halbkugel beheimatet sind. Zusätzlich kennt man eine Vielzahl von Cultivaren.

Die Blätter sind nadelförmig, hart und oft spitz und stachlig. Sie wachsen einzeln, nicht in Büscheln. Wenn sie absterben (ihre Lebensdauer beträgt 4 Jahre), hinterlassen sie einen kleinen, warzenartigen Höcker. Mit zunehmendem Alter des Baums werden die Zweige durch die vielen Höcker immer rauher, ein charakteristisches Merkmal der Fichten. Die Nadeln sind spiralig um den Zweig angeordnet, jedoch auf der Zweigunterseite gescheitelt, so daß sie nur zu beiden Seiten zu wachsen scheinen. Sie sind normalerweise leuchtend grün, doch gibt es in Kultur viele Farbvarianten. Der frische Frühjahrsaustrieb ist wesentlich heller, so daß der Baum dann oft gescheckt aussieht. Die jungen Zapfen stehen bis zur Bestäubung aufrecht; danach hängen sie. Sie reifen im Herbst und haben den für dekorative Zwecke unschätzbaren Vorteil, nicht am Baum zu zerfallen.

Die natürlichen Arten haben meist Baumgestalt, oft in klassischer Christbaumform, doch in Kultur existieren alle erdenklichen Formen und Größen. Sie können als Teil einer Gehölzgruppe oder als freistehende Bäume gepflanzt werden. Es gibt auch niederliegende Zuchtformen, die gute Bodendecker sind, und andere, die kleine, rundliche Polster bilden und sich daher gut für Stein- oder Troggärten eignen.

Picea abies 'Inversa'
SCHLEPPENFICHTE

Eine eher sonderbare als schöne Pflanze. Von Natur aus neigt sie dazu, eine ausgebreitete, niederliegende Strauchform zu bilden. Durch frühzeitiges Aufbinden kann sie jedoch zu einem aufrechten Baum von recht melancholischer Erscheinung mit senkrecht niederhängenden Ästen erzogen werden.
HERKUNFT aus Gartenkultur.
HÖHE bis 15 m (10 Jahre – 3 m, je nach Formgebung).
GESTALT hängende Pyramidenform.
BLÄTTER hellgrün.
KULTUR Eine aufrechte Form erhält man nur durch Aufbinden.
STANDORT mittelgroße bis große Gärten.
WINTERHÄRTE Zone 4.

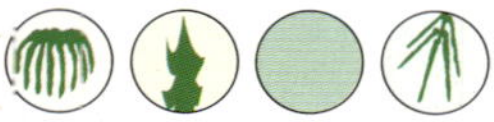

Picea abies 'Mucronata'
GEMEINE FICHTE 'MUCRONATA'

'Mucronata' ist eine mindestens 150 Jahre alte Zuchtform. Sie bildet einen sehr regelmäßigen, kegelförmigen Baum mit ausgesprochen dicht stehenden Ästen und Nadeln. Die Äste sind steil nach oben gebogen, was zur klaren Form des Baums beiträgt. Die Nadeln sind glänzend blaugrün.
HERKUNFT aus Gartenkultur in Frankreich.
HÖHE bis 5 m (10 Jahre – 1,2 m).
GESTALT kegelförmig.
BLÄTTER glänzend blaugrüne Nadeln, sehr dicht.
KULTUR unproblematisch.
STANDORT für mittelgroße und große Gärten geeignet.
WINTERHÄRTE Zone 4.

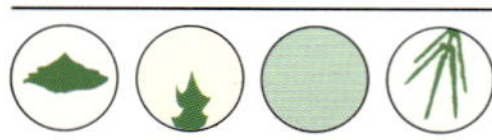

Picea abies 'Pendula Major'

GROSSE HÄNGEFICHTE

Ein Baum muß nicht unbedingt schön sein, um Interesse zu wecken. Diese seltsam anmutende Form, bei der die Zweige wie Tau-Enden oder Lumpen schlaff von den Hauptästen herabhängen, erinnert ein bißchen an eine Vogelscheuche, sie hat aber ihren eigenen Reiz, wenn man ihr genug Platz gibt.

HERKUNFT Norwegen.
HÖHE bis 20 m (10 Jahre – 7 m).
GESTALT lockere Pyramidenform.
BLÄTTER dunkelgrün.
KULTUR unproblematisch, abgesehen von langfristigen Platzproblemen in zu kleinen Gärten.
STANDORT mittelgroße bis große Gärten.
WINTERHÄRTE Zone 4.

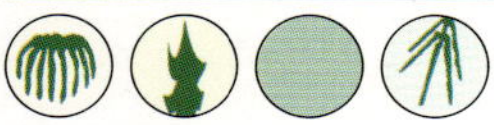

Picea abies 'Reflexa'

GEMEINE FICHTE 'REFLEXA'

Sehr lohnende Pflanze, die man auf mindestens zweierlei Weise erziehen kann. Entweder läßt man die Äste sich flach auf dem Boden ausbreiten, am besten in einem Steingarten, oder man zieht den Leittrieb zunächst senkrecht hoch, bevor man den Baum zu seiner natürlichen Hängeform zurückkehren läßt. Das helle Grün der jungen Triebe ist sehr attraktiv.

HERKUNFT Gartenkultur.
HÖHE je nach Erziehung.
GESTALT niederliegend oder hängend.
BLÄTTER dunkelgrün, mit frisch hellgrünem Frühjahrsaustrieb.
KULTUR Der Baum läßt sich auf die gewünschte Höhe ziehen.
STANDORT kleine bis große Gärten. Auch für große Steingärten geeignet.
WINTERHÄRTE Zone 4.

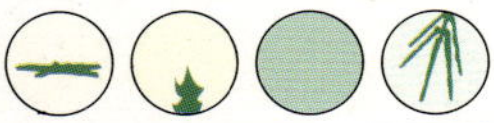

Picea breweriana
SISKIYOU-FICHTE

Diese Hängefichte, von deren ausgebreiteten Ästen die Zweige schlaff herabhängen wie Spinnweben in einem verwunschenen Wald, gehört zu den schönsten Koniferen überhaupt. An jüngeren Exemplaren stehen die Hauptäste etwas aufrechter, doch ist die Gesamtwirkung ähnlich. Zur Schönheit des Baums trägt auch das dunkelgrüne Nadelkleid bei.

HERKUNFT Nordwestamerika.
HÖHE bis 30 m (10 Jahre – 3 m).
GESTALT deutliche Hängeform.
BLÄTTER dunkelgrün, mit hellerem Frühjahrsaustrieb.
KULTUR von der endgültigen Wuchshöhe abgesehen unproblematisch.
STANDORT große Gärten und Parkanlagen. Kann auch in kleineren Gärten gepflanzt werden, wenn man sie nach 10 bis 15 Jahren ersetzt.
WINTERHÄRTE Zone 2.

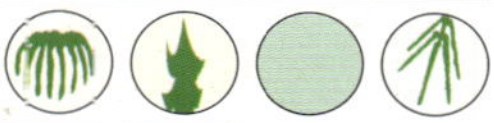

Picea glauca 'Alberta Conica'
ZUCKERHUTFICHTE

Dichter, kegelförmiger, sehr langsam wachsender Baum – so kompakt, daß man durch die Benadelung keine einzelnen Äste erkennen kann. Geeignet für den Steingarten, aber wegen der endgültigen Größe besser in normalen Gärten zu kultivieren. Schön als Kontrast zu lockerwüchsigen und niederliegenden Koniferen.

HERKUNFT wildwachsend in Alberta, Kanada, entdeckt.
HÖHE bis 3 m (10 Jahre – 75 cm).
GESTALT kegelförmig.
BLÄTTER leuchtend grasgrün, im Austrieb heller.
KULTUR kann durch Schnitt klein gehalten werden.
STANDORT große Steingärten oder kleine Gärten.
WINTERHÄRTE Zone 4.

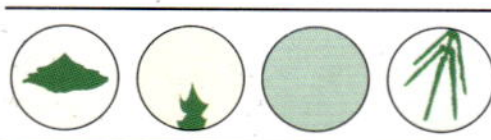

Picea omorika
SERBISCHE FICHTE

Eine der elegantesten Koniferen überhaupt. Ähnelt in der Form einem hohen, schmalen, sich nach oben sacht verjüngenden Kirchturm. Die Enden der oberen Äste sind aufwärts gerichtet; die unteren zeigen eher hängende Tendenz. Tiefgrüne Nadeln; die Zapfen färben sich vor der Reife blauviolett. Es gibt auch Zwergformen.
HERKUNFT ehemaliges Jugoslawien.
HÖHE bis 30 m (10 Jahre – 6 m).
GESTALT sich nach oben hin verjüngende Pyramidenform.
BLÄTTER dunkelgrün.
KULTUR unproblematisch, wenn man ihr genügend Platz bietet.
STANDORT große Gärten und Parkanlagen.
WINTERHÄRTE Zone 4.

Picea pungens 'Globosa'
KLEINE BLAUFICHTE

Eine hervorragende Steingartenkonifere. Der kompakte, flachkugelige Zwergstrauch trägt ein wunderschönes blaues Nadelkleid. Möglicherweise die gleiche Pflanze, die auch als *P. p.* 'Montgomery' bezeichnet wird und eine sehr ähnliche Erscheinung hat.
HERKUNFT aus Gartenkultur in den Niederlanden.
HÖHE bis 75 cm (10 Jahre – 50 cm).
GESTALT kugelig.
BLÄTTER starre, stahlblaue Nadeln.
KULTUR in wärmerem Klima gelegentlich Nadelfall durch Milben. Regelmäßig mit Wasser besprühen.
STANDORT jede Gartengröße, ideal für Steingärten und Schotterbeete.
WINTERHÄRTE Zone 3.

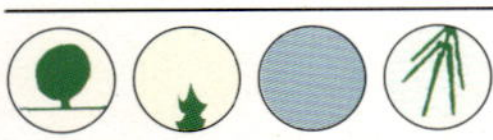

PINUS (PINACEAE)

KIEFERN

Die Kiefern sind mit fast 100 Arten die größte Koniferengattung. Sie sind auf der nördlichen Halbkugel heimisch, vom kalten Norden bis zum warmen Mittelmeerraum und den Westindischen Inseln. Sie wachsen aber meist in größeren Höhen und sind deshalb überwiegend winterhart.

Typisch für die Kiefern sind die teils sehr langen Nadelblätter (bis zu 25 cm und mehr). Sie stehen in Bündeln zu zweit, dritt oder fünft, je nach Art. Jedes Bündel ist am unteren Ende von einer kurzen Scheide umgeben. Im Querschnitt bildet jedes Bündel eine Kreisform mit den einzelnen Nadelblättern als Kreissegmenten. Die juvenilen Blätter an Jungpflanzen sehen anders aus. Sie sind gezähnt, einzeln stehend und spiralig angeordnet. Die jungen Triebe wirken wie aus den Nadelbüscheln herausragende Kerzen. Die holzigen Zapfen sind kugelig bis länglich, bei manchen Arten bis zu 45 cm lang. Die Samen sind meist geflügelt.

Die Bäume variieren von der hochgewachsenen Eleganz der Waldkiefer bis zu ausgebreiteten Formen. Einige Arten, etwa *P. mugo*, sind strauchförmig, und es gibt zahlreiche Cultivare für kleine Gärten oder sogar Steingärten.

PINUS ARISTATA

GRANNENKIEFER

Dies sind die ältesten Bäume der Welt, einige werden bis zu 5000 Jahre alt. Extrem langsamwüchsig, wobei die Wuchsrate von einem Exemplar zum anderen variiert. Manche werden in 40 Jahren bis zu 14 m hoch, was den meisten Gärtnern aber immer noch langsam erscheinen dürfte. In den ersten 20 bis 30 Jahren gut für den Steingarten.

HERKUNFT Colorado, New Mexico und Arizona.
HÖHE bis 15 m (10 Jahre – 60 cm).
GESTALT unregelmäßige Kegelform.
BLÄTTER dichte Pinsel dunkelgrüner Nadeln.
KULTUR erfordert viel Geduld.
STANDORT jede Gartengröße. Während der ersten 20 Jahre ideal für den Steingarten.
WINTERHÄRTE Zone 5.

PINUS ARMANDII
ARMAND-KIEFER

Eine anmutige Kiefer mit großen Quasten langer, zu fünft angeordneter Nadeln. Die Nadeln sind tiefgrün, auf den Innenseiten jedoch weiß bereift, so daß sie insgesamt hellgrün wirken. Die Bäume werden zu groß für den durchschnittlichen Garten, machen sich aber da, wo genug Platz zur Verfügung steht, prächtig als Einzelbäume.

HERKUNFT Tibet und China.
HÖHE bis 40 m (10 Jahre – 7,5 m).
GESTALT ausgebreitete Pyramidenform.
BLÄTTER erscheinen hellgrün.
KULTUR bis auf ihre Größe unproblematisch.
STANDORT große Gärten und Parkanlagen.
WINTERHÄRTE Zone 7.

PINUS DENSIFLORUS 'UMBRACULIFERA'
TANYOSHO-KIEFER

Ein wunderhübscher Baum auch für den kleinen Garten. In Kultur existieren verschiedene Formen. Manche sind kuppel- oder schirmförmig (einschließlich der von den Ästen gebildeten Speichen), andere eher kugelig. Sie wachsen langsam und sind in jedem Alter sehr dekorativ.

HERKUNFT wildwachsend in Japan entdeckt.
HÖHE bis 5 m (10 Jahre – 90 cm).
GESTALT breit kugelig.
BLÄTTER leuchtend grüne Nadeln, zu zweit stehend.
KULTUR unproblematisch.
STANDORT jede Gartengröße.
WINTERHÄRTE Zone 4.

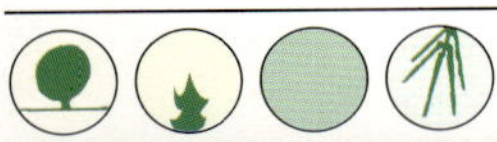

PINUS LEUCODERMIS
SCHLANGENHAUTKIEFER

Eine wohlgeformte, sehr attraktive Kiefer. Sie wächst kegelförmig und trägt dunkelgrüne, in ausgeprägten Quirlen stehende Nadeln. Zusätzlichen Reiz verleihen ihr die weißen, wie Kerzen aussehenden Jungtriebe und die wunderschönen, kobaltblauen Zapfen. Es gibt verschiedene Zuchtformen, u. a. die unten beschriebene 'Schmidtii'. Die Schlangenhautkiefer wird auf Dauer recht groß, ist aber relativ langsamwüchsig.
HERKUNFT westlicher Balkan.
HÖHE bis 30 m (10 Jahre – 3 m).
GESTALT pyramidenförmig.
BLÄTTER dunkelgrün in dichten Quirlen; zweinadelige Art.
KULTUR unproblematisch.
STANDORT große Gärten und Parkanlagen.
WINTERHÄRTE Zone 6.

PINUS LEUCODERMIS 'SCHMIDTII'
SCHLANGENHAUTKIEFER 'SCHMIDTII'

Zwergkiefern üben auf Gärtner eine besondere Faszination aus, und diese ist eine der kleinsten. Sie stammt von einer wildwachsenden Pflanze, die, obwohl über 100 Jahre alt, keine 3 m hoch war. In Kultur ist sie sogar noch kompakter. Die Nadeln sehen aus wie bei normalen Kiefern. Eine wirklich reizende Pflanze, die keine Zapfen entwickelt.
HERKUNFT Nähe Sarajevos, ehemaliges Jugoslawien.
HÖHE bis 60 cm (10 Jahre – 23 cm).
GESTALT kugelig.
BLÄTTER dunkelgrüne Nadeln, zu zweit stehend.
KULTUR unproblematisch; der Boden darf nicht austrocknen, solange der Baum noch nicht richtig angewachsen ist.
STANDORT ideal für den Steingarten.
WINTERHÄRTE Zone 5.

Pinus mogo

BERGKIEFER

Eine sehr empfehlenswerte Art für kleine Gärten. Die sehr vielgestaltige Pflanze ist im Gegensatz zu den meisten Kiefern häufig mehrstämmig. Ihre Wuchsform ist locker. Die Sträucher werden im Gebirge häufig als Lawinenschutz gepflanzt. Es gibt eine ganze Reihe von Cultivaren.

HERKUNFT Europa.
HÖHE bis 3,5 m (10 Jahre – 2 m).
GESTALT abgeflachte Kugelform.
BLÄTTER zweinadelige Art, dunkles Blaugrün.
KULTUR unproblematisch.
STANDORT jede Gartengröße. Gut für Böschungen oder unebenes Gelände.
WINTERHÄRTE Zone 2.

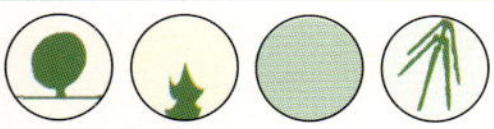

Pinus mugo 'Humpy'

BERGKIEFER 'HUMPY'

Sehr kleine Zuchtform, die ein gedrungenes, leicht ausgebreitetes Polster bildet. Äußerst langsamwüchsig und damit selbst für kleine Steingärten gut geeignet. Kleine, dunkelgrüne Nadelblätter, dazwischen im Winter winzige, rote Knospen. Eine sehr empfehlenswerte Art.

HERKUNFT aus Gartenkultur in den Niederlanden.
HÖHE bis 60 cm (10 Jahre – 30 cm).
GESTALT flachkugeliger Strauch.
BLÄTTER klein, dunkelgrün, zu zweit stehend.
KULTUR unproblematisch.
STANDORT jede Gartengröße. Gut für Steingärten.
WINTERHÄRTE Zone 2.

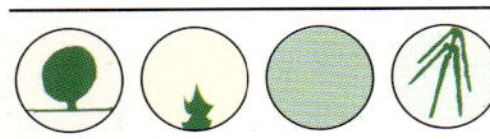

PINUS MUGO 'MOPS'

MOPSKIEFER

Eine sehr populäre Zwergkiefer, nicht ganz so kleinwüchsig und kompakt wie 'Humpy', aber dennoch eine wunderbare Gartenpflanze. Als Jungpflanze findet sie in jedem Steingarten Platz, langfristig paßt sie jedoch nur in mittelgroße bis große Beete. Die dunkel blaugrünen Nadelblätter stehen zu zweit.

HERKUNFT aus Gartenkultur in den Niederlanden.
HÖHE bis 1,2 m (10 Jahre – 45 cm).
GESTALT kugeliger als 'Humpy'.
BLÄTTER dunkles Blaugrün.
KULTUR unproblematisch.
STANDORT Steingärten jeder Größe, am besten mittelgroße bis große.
WINTERHÄRTE Zone 2.

PINUS NIGRA

SCHWARZKIEFER

Diese Art hat mehrere nach ihrer geographischen Verbreitung benannte Untergattungen: z. B. Österreichische, Korsische und Dalmatinische Schwarzkiefer. Sie unterscheiden sich kaum. Die Korsische wächst am schnellsten; die Österreichische ist gut für Standorte am Meer. Es gibt Zwergformen und buntscheckige Sorten.

HERKUNFT Europa.
HÖHE bis 40 m (10 Jahre – 3 m).
GESTALT breite Kegelform.
BLÄTTER dunkelgrün, zu zweit stehend.
KULTUR unproblematisch. Gut als Windschutzhecke.
STANDORT als Jungpflanze auch für mittelgroße Gärten geeignet, später nur für große Gärten und Parkanlagen.
WINTERHÄRTE Zone 4.

PINUS NIGRA 'GLOBOSA'

SCHWARZKIEFER 'GLOBOSA'

Während die Art für den kleinen Garten etwas zu gewaltig ist, kommt die Zuchtform 'Globosa' schon eher in Frage. Der rundliche Zwergbaum nimmt mit der Zeit Pyramidenform an – die perfekte Miniaturkiefer. Eine weitere Zwergform ist die bekannte 'Hornibrookiana', die aber niedriger und ausladender wächst.

HERKUNFT aus Gartenkultur.
HÖHE bis 3 m (10 Jahre – 90 cm).
GESTALT kugelig, im Alter zunehmend pyramidenförmig.
BLÄTTER dunkelgrün, zu zweit stehend.
KULTUR unproblematisch.
STANDORT jede Gartengröße, auch große Steingärten.
WINTERHÄRTE Zone 4.

PINUS PARVIFLORA

MÄDCHENKIEFER

Diese Pflanze wird schon sehr lange kultiviert, und wie zu erwarten, gibt es inzwischen eine Vielzahl von Zuchtformen, viele davon mit japanischen Namen. Während die Art vorwiegend breit kegelförmig ist, sind die kultivierten Formen meist wesentlich niedriger und ausladender. Die Nadeln sind dunkelgrün und haben blauweiße Innenseiten.

HERKUNFT Japan.
HÖHE bis 12 m (10 Jahre – 3 m).
GESTALT kegelförmig oder ausgebreitet.
BLÄTTER Mischung aus dunkelgrün und blauweiß. Stehen zu fünft in schönen, gedrehten Quirlen.
KULTUR unproblematisch.
STANDORT mittelgroße bis große Gärten.
WINTERHÄRTE Zone 5.

PINUS PARVIFLORA 'GLAUCA'
BLAUE MÄDCHENKIEFER

Die wohl beliebteste Zuchtform von *P. parviflora.* Ihre Beliebtheit beruht auf der wunderschönen blauen Benadelung, die wie bei der Elternform in gedrehten Quirlen steht. Langsamwüchsiger, in jungen Jahren recht kleiner Baum, der auf Dauer aber groß und relativ ausladend wird.

HERKUNFT aus Gartenkultur.
HÖHE bis 10 m (10 Jahre – 2 m).
GESTALT ausgebreitete Pyramidenform.
BLÄTTER blau; die Nadeln stehen zu fünft.
KULTUR unproblematisch. Verträgt einen leichten Formschnitt.
STANDORT mittelgroße bis große Gärten.
WINTERHÄRTE Zone 5.

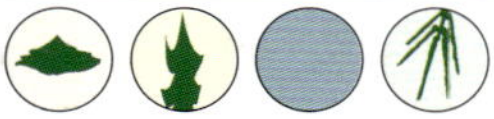

PINUS PONDEROSA
GELBKIEFER

Langfristig ein imposanter Baum, der im Frühstadium aber relativ langsamwüchsig ist und daher selbst in kleinen Gärten gehalten werden kann, wenn man ihn rechtzeitig herausnimmt. Die grau- oder gelblichgrüne Benadelung steht in abgeflachten Quirlen, die den jungen Bäumen ein sehr attraktives Aussehen verleihen.

HERKUNFT Westseite der Rocky Mountains, USA.
HÖHE bis 40 m (10 Jahre – 3 m).
GESTALT breite Pyramidenform.
BLÄTTER graugrün, meist zu dritt stehend.
KULTUR abgesehen von der auf Dauer sehr imposanten Größe unproblematisch.
STANDORT mittelgroße bis große Gärten.
WINTERHÄRTE Zone 4.

PINUS PUMILA
KRIECHKIEFER

Diese Art wächst meist als niedergestreckter Strauch, kann sich aber auch zu einem bis zu 6 m hohen Baum entwickeln. Wie viele Kiefern bleibt sie jedoch lange zwergig und damit auch geeignet für den Steingarten, bevor sie schließlich über den verfügbaren Raum hinauswächst. Sehr hübsche bläulichgrüne Benadelung und purpurrote Jungzapfen.

HERKUNFT Ostasien.
HÖHE bis 6 m (10 Jahre – 60 cm).
GESTALT entweder aufrecht und pyramidenförmig oder – häufiger – niedergestreckt und ausgebreitet.
BLÄTTER blaugrün, zu fünft stehend.
KULTUR unproblematisch.
STANDORT jede Gartengröße; in den ersten 20 Jahren auch für Steingärten geeignet.
WINTERHÄRTE Zone 5.

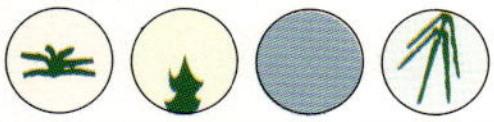

PINUS PUMILA 'GLAUCA'
BLAUE PUMMELKIEFER

In der Erscheinung ähnlich wie *P. pumila*, aber noch niedriger: Die endgültige Wuchshöhe beträgt selten mehr als 60 cm. Damit ist sie natürlich ideal als Steingartenpflanze, obwohl man sie die ersten Jahre auch im Trog halten kann. Wegen der blauen Benadelung auch 'Blue Dwarf' genannt.

HERKUNFT aus Gartenkultur.
HÖHE bis 60 cm (10 Jahre – 25 cm).
GESTALT ausgebreitet, manchmal mit deutlichem Leittrieb.
BLÄTTER bläulich, zu fünft stehend.
KULTUR unproblematisch.
STANDORT jede Gartengröße. Ideal für den Steingarten.
WINTERHÄRTE Zone 5.

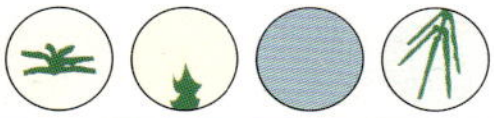

Pinus strobus 'Radiatus'

STREICHELKIEFER

'Radiatus', auch 'Nanus' genannt, ist die beliebteste Form dieser Kiefernart. Sie paßt selbst ausgewachsen in große Steingärten und kommt dank ihres anfänglich langsamen Wachstums auch für kleinere Gärten in Frage. Die sehr dichte Wuchsform wirkt fast wie eine Wolke aus Kiefernnadeln.

HERKUNFT aus Gartenkultur.
HÖHE bis 2 m (10 Jahre – 60 cm).
GESTALT breit kegelförmig.
BLÄTTER bläulichgrün, zu fünft stehend.
KULTUR unproblematisch.
STANDORT jede Gartengröße, auch Steingärten.
WINTERHÄRTE Zone 3.

Pinus sylvestris

WALDKIEFER, GEWÖHNLICHE KIEFER

Die Waldkiefer oder Föhre ist ein prächtiger Baum, auf lange Sicht aber nur für ganz große Gärten geeignet. In der Jugend findet sie jedoch auch in kleineren Gärten Platz, und es gibt viele kleiner bleibende Cultivare. Wo genug Platz ist, lohnt die Anpflanzung dieses Baumes seiner Würde und Anmut wegen.

HERKUNFT Nordhalbkugel.
HÖHE bis 30 m (10 Jahre – 3 m).
GESTALT in der Jugend pyramidenförmig.
BLÄTTER bläulichgrün, zu zweit stehend.
KULTUR mag keine feuchten oder sehr kalkhaltigen Böden.
STANDORT in der Jugend für Gärten jeder Größe, später nur noch für große Gärten geeignet.
WINTERHÄRTE Zone 2.

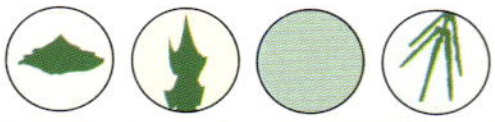

PINUS SYLVESTRIS 'BEUVRONENSIS'

WALDKIEFER 'BEUVRONENSIS'

Eine der kleinsten Formen der Waldkiefer; erreicht kaum 45 cm Höhe. Extrem langsamwüchsiger, sehr kompakter Strauch, bei dem die Äste unter der Benadelung unsichtbar bleiben. Wurde aus einem „Hexenbesen" gezogen, wie sie bei der Waldkiefer besonders häufig vorkommen.

HERKUNFT aus Gartenkultur.

HÖHE bis 45 cm (10 Jahre – 5 cm).

GESTALT kugeliger Strauch.

BLÄTTER bläulichgrün, zu zweit stehend.

KULTUR braucht einige Zeit, um Freilandgröße zu erreichen; muß regelmäßig umgetopft werden.

STANDORT im Frühstadium möglicherweise zu klein, um nach draußen gepflanzt zu werden; sie macht sich aber auch als Kübelpflanze gut.

WINTERHÄRTE Zone 2.

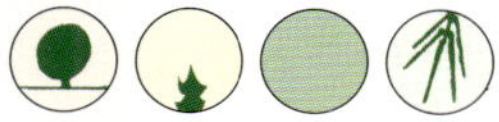

PINUS SYLVESTRIS 'MOSERI'

WALDKIEFER 'MOSERI'

Eine besonders malerische kleine Kiefer. Sie bildet ein kugeliges Bäumchen, das sich in dichte Nadelwolken hüllt. Ältere Exemplare haben ein sehr japanisch anmutendes Aussehen. Sehr kurzstämmiger Baum, fast schon ein Strauch; manchmal als Cultivar von *P. nigra* geführt.

HERKUNFT aus Gartenkultur.

HÖHE bis 3 m (10 Jahre – 60 cm).

GESTALT kugelige Strauchform.

BLÄTTER grün, zu zweit stehend.

KULTUR unproblematisch.

STANDORT jede Gartengröße.

WINTERHÄRTE Zone 2.

PODOCARPUS (PODOCARPACEAE)

STEINEIBEN

Obwohl nicht sehr häufig in Kultur zu finden, sind die Steineiben tatsächlich die zweitgrößte Koniferengattung. Sie sind hauptsächlich in den tropischen Zonen der Südhalbkugel heimisch. Einige entwickeln sich zu großen Bäumen; es gibt aber auch sehr dekorative Strauchformen, manche davon sogar klein genug für den Steingarten.

Die Blätter sind länglich, oft recht breit, ledrig und gelegentlich spitz und stechend. Bei manchen Arten verfärben sie sich im Winter. Die Pflanzen sind zweihäusig, d. h., man braucht männliche und weibliche Pflanzen, um Samen zu erhalten. In kühlerem Klima setzen die Steineiben in der Regel keine Samen an.

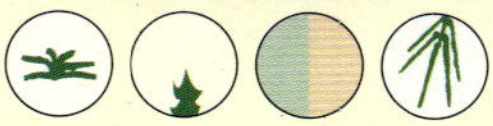

PODOCARPUS ACUTIFOLIA

SPITZNADELIGE STEINEIBE

Obwohl die Wildform dieser Steineibe bis zu 10 m hoch wächst, wird sie im Garten meist als niedriger, ausgebreiteter Strauch gezogen und nach Bedarf geschnitten, um sie klein zu halten; auch als Hecke geeignet, die nur einmal im Jahr geschnitten werden muß. Die Benadelung ist hellgrün bronzefarben.

HERKUNFT Neuseeland.
HÖHE bis 10 m (10 Jahre – 45 cm).
GESTALT niedrig und ausgebreitet.
BLÄTTER grün mit einem Bronzeschimmer, im Winter bräunlich.
KULTUR schnittverträglich.
STANDORT jede Gartengröße.
WINTERHÄRTE Zone 6.

PODOCARPUS NIVALIS

HOCHGEBIRGSSTEINEIBE

Eine der kleineren Arten der Gattung. Selbst in freier Natur wächst sie nur als niedriger Strauch bis etwa 90 cm Höhe. Auch in Kultur niedrig, aber u. U. etwas lockerer im Wuchs. Sie verträgt jedoch bei Bedarf einen Formschnitt. Manche Formen ganz niedergestreckt. Blätter sanft olivgrün; bei einigen Cultivaren bronzefarben. Durch den dicht ausladenden Wuchs sehr gut als Bodendecker geeignet.

HERKUNFT Neuseeland.
HÖHE bis 2 m (10 Jahre – 60 cm).
GESTALT niederliegend, manchmal leicht kegelig ansteigend.
BLÄTTER olivgrün.
KULTUR verträgt kalkhaltigen Boden und Schatten.
STANDORT jede Gartengröße, auch Steingärten.
WINTERHÄRTE Zone 6.

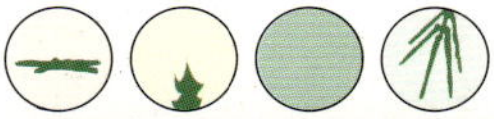

PSEUDOTSUGA (PINACEAE)

DOUGLASFICHTEN, DOUGLASIEN

Die Douglasfichten sind mit den Fichten *(Picea)* und den Hemlocktannen *(Tsuga)* verwandt. Man findet sie hauptsächlich als große Forstbäume; es gibt aber auch Gartenformen von kleinerer Statur. Je nachdem, welchem Botaniker man glaubt, gibt es 6 oder 20 verschiedene Arten, von denen *P. menziesii* (mit ihren vielen Cultivaren) wohl die einzige in Kultur gebräuchliche ist. Die grünen Nadelblätter sitzen unmittelbar in kleinen Vertiefungen an den Zweigen. Die Zapfen stehen bis zur Bestäubung aufrecht, hängen dann herab und zerfallen beim Samenabwurf nicht. Die meisten Arten sind als Gartenbäume zu groß und haben auch keine besonderen Qualitäten, die für ihre Anpflanzung sprechen. Viele Zuchtformen haben jedoch durchaus Gartenwert und sind zum Teil auch für kleine Gärten geeignet.

PSEUDOTSUGA MENZIESII 'FLETCHERI'

FLETCHER-DOUGLASIE

Im Unterschied zur Art ein sehr langsamwüchsiger Baum, der kaum über Strauchgröße hinauskommt. Die niedrige, ausladende Pflanze ist breiter als hoch. Die Benadelung ist dunkelgrün, im Frühjahr mit hellerem Neuaustrieb gesprenkelt. Sehr schön im Einzelstand.

HERKUNFT aus Gartenkultur.
HÖHE bis 3 m (10 Jahre – 60 cm).
GESTALT ausgebreitet.
BLÄTTER dunkelgrün mit bläulichem Hauch.
KULTUR unproblematisch.
STANDORT jede Gartengröße.
WINTERHÄRTE Zone 6.

PSEUDOTSUGA MENZIESII 'GLAUCA'

GEBIRGSDOUGLASIE

Im allgemeinen als natürliche Varietät von *P. menziesii*, gelegentlich aber auch als eigene Art eingestuft. Vielleicht kein so stattlicher Baum wie die Art, aber mit seiner blauen Benadelung auch sehr attraktiv. Die Zapfen sind kleiner und interessant geformt.

HERKUNFT Westen der USA.
HÖHE bis 60 m (10 Jahre – 6 m).
GESTALT breit kegelförmig.
BLÄTTER blaugrün.
KULTUR bis auf die endgültige Wuchshöhe unproblematisch.
STANDORT große Gärten und Parkanlagen.
WINTERHÄRTE Zone 6.

PSEUDOTSUGA MENZIESII 'LITTLE JON'

DOUGLASIE 'LITTLE JON'

Die meisten Douglasfichten sind gewaltige Bäume und trotz aller Schönheit für kleine und mittelgroße Gärten ungeeignet. Diese reizende Zwergform hingegen findet überall Platz. Der langsamwüchsige, pyramidenförmige Baum wird niemals besonders groß. Die kleinen Nadelblätter sind hell- bis mittelgrün.

HERKUNFT wildwachsend in Pennsylvania, USA, entdeckt.
HÖHE bis 1,2 m (10 Jahre – 45 cm).
GESTALT pyramidenförmig.
BLÄTTER hell- bis mittelgrün.
KULTUR unproblematisch.
STANDORT jede Gartengröße, einschließlich Steingärten.
WINTERHÄRTE Zone 6.

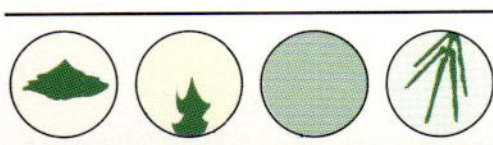

SEQUOIA (TAXODIACEAE)

KÜSTENMAMMUTBAUM, REDWOOD

Die Gattung umfaßt nur eine Art, *S. sempervirens,* die in der Natur nur entlang eines schmalen Streifens der nordamerikanischen Pazifikküste vorkommt. Doch weiß man aus Fossilienfunden, daß sie früher auch in anderen Weltgegenden verbreitet war. Ein Faktor für die heute eng beschränkte Verbreitung ist wohl das feuchte Klima wegen des häufig auftretenden Meernebels.

Auch in Kultur gedeiht dieser Baum am besten an Standorten mit feuchtem Klima, wo er nicht zu starken, austrocknenden Winden ausgesetzt ist.

Die Küsten-Mammutbäume gelten als die höchsten Bäume der Welt. Der Rekord liegt bei 112 m, d. h. es sind wirklich keine Bäume für den kleinen Garten.

Im Gegensatz zu den meisten Koniferen treibt dieser Baum aus dem Stumpf wieder aus, wenn er in Bodennähe abgesägt wird.

SEQUOIA SEMPERVIRENS

KÜSTENMAMMUTBAUM, REDWOOD

Die einzige Art der Gattung. Der extrem schnellwüchsige Baum erreicht gigantische Höhen. Man kann ihn jedoch kappen – er treibt dann aus dem Stumpf wieder aus – und auf diese Weise sein Wachstum in Grenzen halten, was ihn auch für kleinere Gärten geeignet macht. Die Nadelblätter sind flach und stehen zweizeilig an den Trieben, ähnlich wie bei den Eiben.

HERKUNFT Pazifikküste der USA.
HÖHE bei uns bis 45 m (10 Jahre – 7,5 m).
GESTALT pyramidenförmig.
BLÄTTER flache, längliche Nadeln. Dunkelgrün.
KULTUR Das Wachstum kann nur durch regelmäßiges Kappen unter Kontrolle gehalten werden. Benadelung „verbrennt" durch kalte Winde.
STANDORT ungekappt nur für große Gärten und Parkanlagen geeignet.
WINTERHÄRTE Zone 7.

SEQUOIADENDRON (TAXODIACEAE)

RIESENMAMMUTBAUM

Auch diese Gattung hat nur einen Vertreter, *S. giganteum*. Er ist der *Sequoia* sehr ähnlich und wurde zeitweise dieser Gattung zugerechnet. Er hat jedoch andersartige, eher schuppenförmige Nadelblätter und größere Zapfen. Diese Bäume können, wie ihr Name schon sagt, ebenfalls sehr groß werden; das größte existierende Exemplar ist 100 m hoch und hat einen Durchmesser von 12 m. Manche Bäume dieser Art werden bis zu 3 500 Jahre alt. In der Natur beschränkt sich ihre Verbreitung auf einen Teil der kalifornischen Sierra Nevada. Die Borke der Mammutbäume ist weich, aber sehr dick und widerstandsfähig gegen Feuer.

SEQUOIADENDRON GIGANTEUM

RIESENMAMMUTBAUM

Diese interessanten Bäume sind robuster als ihre engen Verwandten, die *Sequoia*, sie werden aber ebenso groß. Sie sind ebenfalls schnellwüchsig, können aber nicht wie die *Sequoia* gekappt werden, d. h., für kleine und mittelgroße Gärten sind sie völlig ungeeignet. Die schuppenförmigen Nadeln sind graugrün.

HERKUNFT Sierra Nevada, Kalifornien.
HÖHE in Europa bis 50 m (10 Jahre – 7,5 m).
GESTALT pyramidenförmig.
BLÄTTER grau, klein und schuppenförmig.
KULTUR schätzt feuchten, nährstoffreichen Boden.
STANDORT große Gärten und Parkanlagen.
WINTERHÄRTE Zone 6.

TAXUS (TAXODIACEAE)

EIBEN

Die Gattung der Eiben umfaßt acht oder neun Arten, von denen nicht einmal die Hälfte allgemein kultiviert wird. Dafür hat die häufigste Art, *Taxus baccata*, den Gärten eine Fülle unterschiedlichster Zuchtformen beschert. Sie haben linealische Nadelblätter, zweizeilig am Zweig angeordnet. Meist bilden sie breite, pyramidenförmige Bäume, doch gibt es auch viele andere Wuchsformen. Ein charakteristisches Merkmal ist der Samenmantel, eine fleischige, rote Frucht, „Arillus" genannt. Sie sieht ganz anders aus als die typischeren Zapfen anderer Koniferen; es gibt aber grundlegende botanische Gemeinsamkeiten mit diesen. Die Eiben, insbesondere *T. baccata*, sind seit Hunderten von Jahren in Kultur. Wie viele von alters her bekannte Pflanzen haben sie ihren festen Platz in der volkstümlichen Überlieferung. Ihr Holz war geschätztes Material für die mittelalterlichen Langbogen. Ob als Baum oder Strauch, sind sie mit ihrem langsamen, dichten Wuchs besonders gut für Hecken und Figurschnitt geeignet.

TAXUS BACCATA

GEMEINE EIBE

Dies ist wohl die vielgestaltigste Konifere überhaupt. Es gibt sie in allen Größen, Formen und Farben, für den Einzelstand ist sie ebenso geeignet wie als Hintergrundpflanze; sie ist ausgesprochen schnittverträglich und wächst langsam, doch das Warten lohnt sich. Die Art ist dunkelgrün. Männliche und weibliche Blüten wachsen auf verschiedenen Bäumen.

HERKUNFT Europa.

HÖHE bis 10 m (10 Jahre – 3 m).

GESTALT kugelig, kann aber beliebig in Form geschnitten werden.

BLÄTTER dunkelgrüne, flache Nadeln.

KULTUR gedeiht auf Kalkboden und im Schatten. Giftig!

STANDORT gestutzt für jede Gartengröße.

WINTERHÄRTE Zone 6.

TAXUS BACCATA 'FASTIGIATA ROBUSTA'

SCHMALE SÄULENEIBE

Es gibt eine Reihe von Säuleneiben, alle, wie ihr Name schon sagt, mit aufrechtem Wuchs. 'Robusta' ist die schmalste unter ihnen. Sie bildet eine schlanke, straff aufrechte Säule mit eng an den Stamm gepreßten Ästen. Die grüne Benadelung ähnelt der anderer Eiben; sie trägt rote Beeren. Schöner Blickfang im Garten.

HERKUNFT aus Gartenkultur.
HÖHE bis 3,5 m (10 Jahre – 2 m).
GESTALT ausgeprägte Säulenform.
BLÄTTER dunkelgrün.
KULTUR Überstehende Triebe sollte man entfernen.
STANDORT jede Gartengröße.
WINTERHÄRTE Zone 6.

TAXUS BACCATA 'SEMPERAUREA'
GOLDENE STRAUCHEIBE

Nicht alle Eiben sind schlicht dunkelgrün. 'Semperaurea' ist eine von mehreren Sorten mit goldgelben Nadeln. Der lockere Strauch ist sehr langsamwachsend und wird nie besonders hoch, kann aber ziemlich in die Breite gehen. Aber natürlich kann man ihn in kleinen Gärten stutzen, um das Wachstum in Grenzen zu halten.

HERKUNFT aus Gartenkultur.
HÖHE bis 2,5 m (10 Jahre – 1,2 m).
GESTALT lockere, kugelige Strauchform.
BLÄTTER goldgelb, zur Strauchmitte und nach unten hin grüner.
KULTUR unproblematisch.
STANDORT jede Gartengröße, bei regelmäßigem Schnitt auch für Steingärten.
WINTERHÄRTE Zone 6.

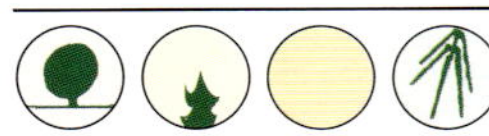

TAXUS BACCATA 'STANDISHII'
GEMEINE EIBE 'STANDISHII'

Dies ist eine empfehlenswerte Gartenform, vor allem für kleine Gärten. Sie bildet eine schöne Säule aus und hat vielleicht von allen Eiben die beste goldgelbe Benadelung. Nachteilig ist nur ihr sehr langsamer Wuchs; es kann 20 bis 30 Jahre dauern, bis man einen Baum von nennenswerter Höhe, d. h. etwa 1,5 m, erhält.

HERKUNFT aus Gartenkultur.
HÖHE bis 2 m (10 Jahre – 75 cm).
GESTALT säulenförmig.
BLÄTTER wie bei anderen Eiben, aber goldgelbe Farbe.
KULTUR unproblematisch.
STANDORT jede Gartengröße, einschließlich Steingärten.
WINTERHÄRTE Zone 6.

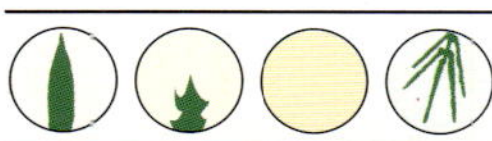

THUJA (CUPRESSACEAE)

LEBENSBÄUME

Diese kleine Gattung mit nur fünf oder sechs Arten ist für den Gärtner von hohem Wert, da sie eine Vielzahl von Zierformen hervorgebracht hat. Die schuppenförmigen Blätter wachsen dicht an die Triebe gedrückt, die flach und fächerförmig verzweigt sind. Es gibt viele goldgelbe oder grüngelbe Zuchtformen. Ein typisches Merkmal dieser Bäume ist der starke Duft, den die zerriebenen Blätter verströmen. Die Zapfen sind klein und länglich.

Lebensbäume können recht hoch werden, doch stehen auch genug kleinwüchsige Sorten zur Auswahl. Sie sind äußerst dekorativ und machen sich gut als freistehende Bäume. Lebensbäume vertragen einen Formschnitt und eignen sich somit auch gut als Heckenpflanzen, sie benötigen dann aber mehr Pflege als Eiben.

THUJA OCCIDENTALIS 'AUREA'

GOLDENER LEBENSBAUM

Es gibt mehrere gelbe Formen des Abendländischen Lebensbaums. Hier eine Sorte für Besitzer größerer Gärten. Sie wirkt mit ihrem wunderbar goldgelben, auffällig leuchtenden Nadelkleid am besten vor einem Hintergrund aus grünen Bäumen und Sträuchern, sollte aber nicht im Schatten stehen, da sie sich dort grün verfärbt. Sehr schön im Einzelstand.

HERKUNFT aus Gartenkultur.
HÖHE bis 12 m (10 Jahre – 4,5 m).
GESTALT pyramidenförmig.
BLÄTTER goldgelb.
KULTUR von der endgültigen Wuchshöhe abgesehen unproblematisch.
STANDORT mittelgroße bis große Gärten.
WINTERHÄRTE Zone 5.

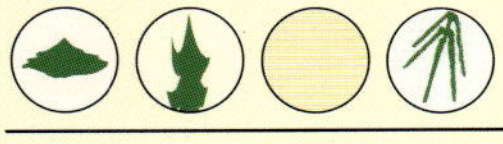

THUJA OCCIDENTALIS 'ELLWANGERIANA AUREA'

LEBENSBAUM 'ELLWANGERIANA AUREA'

Ein kugeliger, goldgelber, mehrstämmiger Strauch, der mit dem Alter eher pyramidale Form annimmt. Als Jungpflanze in Gestalt und Farbe sehr ähnlich dem beliebten 'Rheingold', dem er später allerdings über den Kopf wächst. Die beiden Formen werden in Baumschulen und Gärtnereien oft verwechselt.

HERKUNFT aus Gartenkultur.
HÖHE bis 4 m (10 Jahre – 75 cm).
GESTALT kugelig, später pyramidenförmig.
BLÄTTER goldgelb; Zweige etwas kleiner als bei 'Rheingold'.
KULTUR unproblematisch.
STANDORT jede Gartengröße, für Steingärten jedoch auf die Dauer zu groß.
WINTERHÄRTE Zone 4.

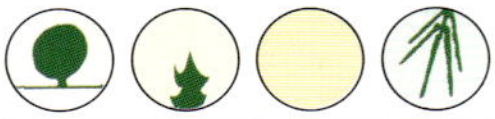

THUJA OCCIDENTALIS 'LUTEA NANA'

GELBER ZWERGLEBENSBAUM

Kaum verwunderlich, daß dies eine beliebte Strauchform ist. Es handelt sich um eine der ältesten goldgelben Sorten, die sich über die Jahre gut bewährt hat. Junge Triebe sind cremig gelb, später im Jahr goldgelb bis bronzefarben. Eine schöne Pflanze für alle Jahreszeiten; auch außerordentlich winterhart.

HERKUNFT aus Gartenkultur.
HÖHE bis 4 m (10 Jahre – 2 m).
GESTALT als Jungpflanze annähernd kugelig, später schmal pyramidenförmig.
BLÄTTER goldgelb.
KULTUR sollte frei stehen, nicht im Schatten.
STANDORT jede Gartengröße.
WINTERHÄRTE Zone 4.

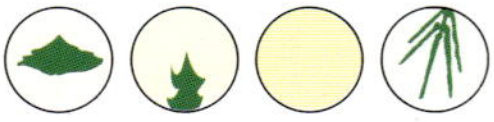

THUJA ORIDENTALIS 'AUREA NANA'

ORIENT-LEBENSBAUM 'AUREA NANA'

Bei den Orient-Lebensbäumen stehen die flachen Nadelzweige deutlich senkrecht. Außerdem sind die Nadeln beim Zerreiben duftlos. 'Aurea Nana' ist ein schön geformter Strauch, bei dem die Aufwärtsrichtung der Nadelzweige sehr auffällig ist. Manchmal auch als 'Berckmans Golden Biota' bezeichnet.

HERKUNFT aus Gartenkultur.
HÖHE bis 90 cm (10 Jahre – 60 cm).
GESTALT Eiform oder rundliche Säulenform.
BLÄTTER gelb, im Winter grüner. Senkrecht stehend.
KULTUR unproblematisch.
STANDORT jede Gartengröße.
WINTERHÄRTE Zone 6.

THUJA ORIENTALIS 'SIEBOLDII'

ORIENT-LEBENSBAUM 'SIEBOLDII'

Diese sehr alte Form von *T. orientalis* bildet einen sehr dichtwüchsigen, kegelförmigen Strauch mit senkrecht stehenden Nadelzweigen. Der Frühjahrsaustrieb ist gelb, färbt sich jedoch bald leuchtend grün. Ein schöner, kompakter Zierstrauch, der als Teil einer Gruppe oder auch im Einzelstand gepflanzt werden kann.

HERKUNFT aus Gartenkultur.
HÖHE bis 2 m (10 Jahre – 60 cm).
GESTALT kegelförmig.
BLÄTTER anfänglich goldgelb, dann leuchtend grün. Senkrecht stehend.
KULTUR unproblematisch.
STANDORT jede Gartengröße.
WINTERHÄRTE Zone 5.

TSUGA (PINACEAE)

HEMLOCKTANNEN, SCHIERLINGSTANNEN

Diese Gattung besteht aus zehn oder elf Arten hochwüchsiger Bäume. Sie sind in Nordamerika, Süd- und Südostasien heimisch. Ihre volkstümlichen Namen verdanken sie der Tatsache, daß die zerriebenen Nadeln nach Schierling (Englisch: Hemlock) riechen. Hemlocktannen sind eng mit den Fichten, *Picea*, verwandt. Ihre flachen Nadeln sitzen mit einem kurzen Stiel am Zweig (kürzer als bei *Picea*). Die Wildformen sind meist recht groß, aber es gibt auch viele für den kleineren Garten geeignete Zuchtformen. Sie sind pflegeleicht und eine Bereicherung des Gartens, ob im Einzelstand oder als Heckenpflanzen. Die meisten Cultivare entstammen der Art *T. canadensis.*

TSUGA CANADENSIS 'MINIMA'

KANADISCHE HEMLOCKTANNE 'MINIMA'

Niedrige, ausgebreitete Form, die klein bleibt. Die leuchtend grüne Benadelung steht an flachen Zweigen, die locker übereinandergeschichtet sind. Diese Art von Pflanze macht sich besonders gut am Rand eines Gartenwegs oder einer Terrasse, vor allem als Eckbepflanzung.

HERKUNFT aus Gartenkultur.
HÖHE bis 90 cm (10 Jahre – 30 cm).
GESTALT ausgebreitet.
BLÄTTER hell- bis mittelgrün, an flachen Zweigen.
KULTUR unproblematisch.
STANDORT jede Gartengröße, einschließlich großer Steingärten.
WINTERHÄRTE Zone 5.

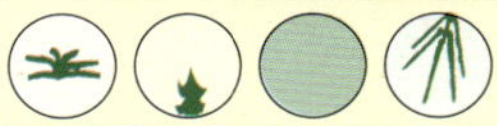

TSUGA CANADENSIS 'PENDULA'
HÄNGENDE HEMLOCKTANNE

Sehr malerische Hängekonifere mit kaskadenförmig herabwallenden Zweigen. Sie wirkt am besten auf der obersten Steingartenstufe oder einer Böschungsmauer, wo ihre Form gut zur Geltung kommt. Oder man bindet einen Leittrieb auf, zieht ihn bis auf etwa 90 cm und läßt die Zweige aus dieser Höhe herabhängen.

HERKUNFT aus Gartenkultur.

HÖHE je nach Erziehung.

GESTALT hängend oder niederliegend.

BLÄTTER hell- bis mittelgrün.

KULTUR unproblematisch, abgesehen von der Notwendigkeit des Aufbindens, wenn man eine höhere Pflanze wünscht.

STANDORT jede Gartengröße, auch große Steingärten.

WINTERHÄRTE Zone 5.

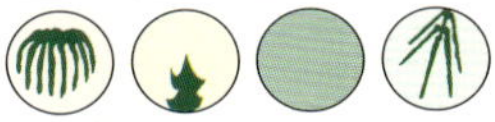

A
Abies (Pinaceae) 16–17
Araucaria (Araucariaceae) 8, 18
Araukarien *Araucaria (Araucariaceae)* 8, 18
Chilenische - 18
Arillus 14
Art 7, 14, 15
B
Bastardzypressen *xCupressocyparis (Cupressaceae)* 34
Leyland-Zypresse 11, 34
C
Calocedrus (Cupressaceae) 19
Cedrus (Pinaceae) 20–22
Chamaecyparis (Cupressaceae) 23–31
Chinesisches Rotholz *Metasequoia (Taxodiaceae)* 50
columnaris 14
Coniferae 6
Cryptomeria (Taxodiaceae) 32–33
Cultivar 7, 14, 15
xCupressocyparis (Cupressaceae) 34
Cupressus (Cupressaceae) 35–36
Cupressus macrocarpa 14
D
Douglasfichten, Douglasien *Pseudotsuga (Pinaceae)* 68–69
Fletcher-Douglasie 68
Gebirgsdouglasie 69
Douglasie 'Little Jon' 69
E
Eiben *Taxus (Taxodiaceae)* 6, 9–11, 14
Gemeine - 72
Gemeine - 'Standishii' 74
Goldene Straucheibe 74
Schmale Säuleneibe 73
F
Fächerblattbaum 37
fastigiatus 14
Fichten *Picea (Pinaceae)*
Gemeine - 'Mucronata' 52
Gemeine - 'Reflexa' 53
Große Hängefichte 53
Kleine Blaufichte 55
Schleppenfichte 52
Serbische - 55
Siskiyou-Fichte 54
Zuckerhutfichte 54
Föhre 64
G
Gattung 7, 14
Ginkgo, Fächerblattbaum *Ginkgo (Ginkgoaceae)* 37
Ginkgoales 6
Ginkgoblätter 7
glabra 14
glaucus 14
globosus 14
Gymnospermae 6
H
Hemlock-, Schierlingstannen *Tsuga (Pinaceae)*
Hängende - 79
Kanadische - 'Minima' 78
Hexenbesen 9
I
immergrün 14
J
Juniperus (Cupressaceae) 38–47
K
Kiefern *Pinus (Pinaceae)*
Armand-Kiefer 57
Bergkiefer 59
Bergkiefer 'Humpy' 59
Blaue Mädchenkiefer 62
Blaue Pummelkiefer 63
-Blüten 8
Gelbkiefer 62
Gewöhnliche Kiefer 64
Grannenkiefer 56
Kriechkiefer 63
Mopskiefer 60
Mädchenkiefer 61
-Nadeln 7
Schlangenhautkiefer 58
Schlangenhautkiefer 'Schmidtii' 58
Schwarzkiefer 60
Schwarzkiefer 'Globosa' 61
Streichelkiefer 64
Tanyosho-Kiefer 57
Waldkiefer 64
Waldkiefer 'Beuvronensis' 65
Waldkiefer 'Moseri' 65
Wuchs 10
-Zapfen 8
Koniferen
Äste 9, 13
Befruchtung 8
Blätter 7
Blüten & Zapfen 6, 8–9
Bodenbedingungen 13
Definition 6
Farben 8, 11, 12
Garten, Verwendung im 11
Gestalt 9
Klassifizierung 6–7
Morphologie 7–8
Nadeln 7–8, 11, 12
Pflanzung 13
Pflege 14
Rinde 7
Schnittmaßnahmen 13
Schuppen 7, 8
Umweltfaktoren 10, 15
Winterhärtezonen 13
Wuchs 9–10, 11
Küstenmammutbaum *Sequoia (Taxodiaceae)* 70
L
Lärchen *Larix (Pinaceae)* 7
Europäische - 49
Japanische - 49
-zapfen 6
Larix (Pinaceae) 7, 48–49
Lebensbäume *Thuja (Cupressaceae)*
'Ellwangeriana Aurea' 76
Gelber Zwerglebensbaum 76
Goldener Lebensbaum 75
Orient-Lebensbaum 'Aurea Nana' 77
Orient-Lebensbaum 'Sieboldii' 77
Leittrieb 14
Leyland-Zypresse 11, 34
M
Mammutbäume
Küsten-Mammutbäume 70
Riesen-Mammutbäume 71
Metasequoia (Taxodiaceae) 50
P
pendulus 14
Picea (Pinaceae) 51–55
Pinaceae 6–7
Larix 7
Pinus 7
Sylvestris 7
Pinus (Pinaceae) 56–65
Podocarpus (Podocarpaceae) 66–67
Pseudotsuga (Pinaceae) 68–69
pyramidal 14
R
Redwood 70
reflexus 14
Riesenmammutbaum *Sequoiadendron (Taxodiaceae)* 71
S
Scheinzypressen *Chamaecyparis (Cupressaceae)*
Gelbe Kegelzypresse 25
Grüne Säulenzypresse 27
Hinoki- 'Kosteri' 29
Hinoki- 'Nana Lutea' 30
Lawson-Säulenzypresse 24
Lawson- 'Chilworth Silver' 23
Lawson- 'Dow's Gem' 24
Lawson- 'Fletcheri' 26
Lawson- 'Gimbornii' 26
Lawson- 'Hillieri' 27
Lawson- 'Pembury Blue' 28
Nutka- 29
Sawara- 'Compacta' 30
Sawara- 'Golden Mop' 31
Sawara- 'Sungold' 31
Tamarisken- 28
Zwerg-Fadenzypresse 25
Sequoia (Taxodiaceae) 70
Sequoia Borke 7
Sequoiadendron (Taxodiaceae) 71
Sequoiadendron giganteum 'Pendulum' 9
sessil 14
Sicheltannen *Cryptomeria (Taxodiaceae)*
Japanische - 'Elegans' 33
Japanische - 'Elegans Compacta' 33
sommergrün 14
Steineiben *Podocarpus (Podocarpaceae)*
Hochgebirgssteineibe 67
Spitznadelige Steineibe 66
T
Tannen *Abies (Pinaceae)*
Hudson-Balsamtanne 16
Koreatanne 17
Niedrige Korktanne 17
Taxales 6
Taxus (Taxodiaceae) 72–74
Thuja (Cupressaceae) 75
Tsuga (Pinaceae) 78
Tsuga heterophylla Zapfen 9
V
Variante 14
W
Wacholder *Juniperus (Cupressaceae)* 8, 9
Blauer Strauchwacholder 44
Blauer Zwergwacholder 47
China-Wacholder 'Aurea' 39
China-Wacholder 'Pyramidalis' 40
Flacher Kriechwacholder 42
Gemeiner Wacholder 'Compressa' 40
Gemeiner Wacholder 'Minima' 41
Gold-Coast-Wacholder 45
Grauer Strauchwacholder 47
Hollywood-Wacholder 39
Irischer Säulenwacholder 41
Kriechwacholder 'Blue Chip' 43
Kriechwacholder 'Prince of Wales' 43
Kriechwacholder 'Youngstown' 44
Pfitzer-Wacholder 45
Raketenwacholder 46
Strandwacholder 42
Tamarisken-Wacholder 46
Weihrauchzedern *Calocedrus (Cupressaceae)*
Kalifornische Weihrauchzeder 19
Z
Zedern *Cedrus (Pinaceae)*
Hängende Blauzeder 20
Hängende Libanonzeder 22
Himalajazeder 21
Himalajazeder 'Golden Horizon' 21
Libanonzeder 9, 22
zweihäusig 14
Zypressen *Cupressus (Cupressaceae)*
-Blätter 7
Glattrindige Arizona-Zypresse 36
Monterey-Zypresse 'Donard Gold' 36
Zypressen 35–37
Bastardzypressen 34
Scheinzypressen 23–31
Leyland-Zypressen 11, 34